黄淮流域
麦-玉、麦-稻
绿色增产模式

黄淮流域小麦玉米水稻田间用
节水节肥节药综合技术方案项目组 ◎ 著

U0239184

中国农业出版社
农村读物出版社
北京

编　委　会

主　　编　王　东

副 主 编　唐保军　何雄奎　韩燕来　施六林　朱新开

　　　　　　冯　波　陈　莉　谷淑波　王红艳

编著人员（按姓氏笔画排序）

　　　　　　丁　勇　丁克坚　丁锦峰　马智艳　王　东

　　　　　　王　伟　王　祎　王　艳　王　斌　王红艳

　　　　　　甘斌杰　叶正和　冯　波　朱自宽　朱新开

　　　　　　乔　康　刘正辉　齐建双　杜同庆　李　红

　　　　　　李　芳　李　慧　李青松　李宗新　李春苗

　　　　　　李振宏　李桂亭　李培培　吴　炜　何雄奎

　　　　　　谷利敏　谷淑波　汪　强　张　君　张　宾

　　　　　　张凤启　张寄阳　张德文　陈　莉　郑兆阳

　　　　　　赵　霞　赵锡成　施六林　姜　瑛　姜莉莉

　　　　　　袁文胜　夏来坤　徐　鹏　殷复伟　高瑞杰

　　　　　　唐保军　韩燕来　程道全　谭德水　穆心愿

　　　　　　鞠正春　魏新华

统 稿 人　王　东　谷淑波

目　录

第一章 麦—玉周年节水节肥节药综合技术方案

第一节 麦—玉微灌周年节水节肥节药综合技术方案

　　冬小麦—夏玉米微灌周年节水节肥节药综合技术方案，采用微灌设施实施精确节水灌溉，集成了秸秆还田、耕层调优、种肥同播、按需补灌水肥一体化、病虫害绿色综合防控等关键技术。通过秸秆粉碎还田及耕、松、耙、压配合，创造合理的耕层结构，可有效解决常年少耕导致犁底层加厚、耕层结构恶化、土壤肥力不高的问题；以适时、精量播种及种肥同播技术确保苗齐、苗全、苗匀、苗壮；按需补灌水肥一体化技术不仅能充分利用土壤贮水和自然降水，发挥水肥耦合效应，显著提高水分和肥料利用效率，大幅减少灌溉水和肥料投入，有效解决生产中水肥浪费严重的问题，而且与微灌设施有机融合，并创新出适于大田作物生产的溶肥注肥设备，填补了传统生产模式中水肥机械化管理的空白。病虫害绿色综合防控技术则通过运用高效低毒农药、植保飞机及防飘对靶减量施药植保机械实施统防统治，不仅大幅减少农药投入，而且有效降低生物灾害损失，确保粮食和食品安全。

　　该技术已连续多年在河北衡水、河南新乡、安徽凤台、江苏睢宁、山东德州、淄博、泰安、济宁、枣庄、临沂、潍坊、烟台等地大面积示范和推广应用。多年多点生产实践证明，采用该技术，与传统栽培技术相比，可减少灌溉用水量35％～60％，水分利用效率提高20％以上；肥料投入减少15％～20％；农药使用量减少15％左右，籽粒产量增幅达10％以上。经济、社会和生态效益显著，为实现农业农村部提出的"一控、两减、三基本"目标提供了重要技术支撑。

（一）小麦季

1. 选用优质多抗高产小麦品种

所选品种应为通过国家或省农作物品种审定委员会审定，经试验和示范适应当地生产条件，抗倒伏、抗病、抗逆性强的高产优质小麦品种。

2. 土壤和种子处理

地下害虫发生严重的地块，应于耕地前均匀撒施农药。

播种前选用高效低毒的专用种衣剂对种子包衣，没有包衣的种子要用高效低毒杀虫剂和杀菌剂拌种。推荐使用香菇多糖等植物诱导抗性剂增强作物抗性，预防病害发生或降低发病指数，以减少化学农药的使用量。

3. 秸秆还田

前茬玉米秸秆粉碎还田。粉碎后的秸秆长度以＜3 cm为宜。秸秆量过大的地块，提倡将秸秆综合利用，部分回收与适量还田相结合。

4. 耕层调优

小麦播种前，应根据土壤墒情适时进行耕、松、耙、压作业，以构建合理的耕层结构。秸秆量较大或还田质量较差的麦田必须耕翻。

采用耕翻的麦田，耕深 20～25 cm。耕翻后用旋耕机旋耕 2 遍，旋耕深度 15 cm。旋耕后及时耙压，以破碎土块，压实表层土壤，防止耕层过虚导致土壤失墒、影响播种出苗。

不耕翻的麦田，可每 3 年用深松机深松 1 年，深度 30 cm。深松后及时旋耕和耙压。

5. 合理筑畦

采用微喷灌和滴灌的麦田不需要筑畦，以增加有效种植面积。

6. 适时精播

冬小麦适宜的播期以播种至越冬期 ≥0℃ 积温达 570～650℃ 为宜。冬性品种在日平均气温 16～18℃ 时播种，半冬性品种在日平均气温 14～16℃ 时播种。

在适宜播种期内，分蘖成穗率低的大穗型品种，每公顷基本苗 225 万～270 万；分蘖成穗率高的中、多穗型品种，每公顷基本苗 180 万～240 万。秸秆还田和整地质量较差的麦田应在上述种植密度的基础上适当增加基本苗每公顷 30 万～75 万。

7. 种肥同播

提倡采用具有种肥同播功能的小麦播种机播种。条播的平均行距 21～25 cm，播种深度 3～5 cm。宽幅播种的苗带宽度以 8～10 cm 为宜。每隔两行小麦在行间条施一行底肥，条施深度为 8～10 cm。亦可采用底肥按比例分层条施技术，使用按比例分层施肥精量播种机，将底肥条施在 8、16 和 24 cm 土层深处，三者的比例为 1∶2∶1 或 1∶2∶3。底肥应采用粒状的多元复合肥或缓控释肥。

8. 播后镇压

小麦播种机上须安装镇压装置，播种后及时镇压。播后镇压可分为苗带镇压和全田镇压两种方式。采用微喷带灌溉的麦田以全田镇压为宜，有利于平整地面，减少微喷带翻转扭曲现象发生。

9. 按需补灌

（1）测定土壤容重和田间持水率　一般于麦田耕作前测定0～20 cm和20～40 cm土层土壤容重和田间持水率。由于同一地块各土层土壤容重和持水率相对稳定，可每隔2～3年测定一次。

（2）监测冬小麦生长季降水量　通过雨量数据采集器或从当地气象局（站），依次获取冬小麦播种至越冬、越冬至拔节、拔节至开花期间的有效降水量。

（3）确定补灌时期和补灌水量　冬小麦一生中一般需要在播种期补灌保苗水，在越冬期补灌促壮水，在拔节期补灌稳产水，在开花期补灌增产水。冬小麦在各关键生育时期是否需要补灌以及所需补灌水量，依据其高产高效耗水特性和自然供水状况确定。具体可采用以下两种方法：

①采用专家辅助决策支持系统。登录 http://www.cropswift.com/，利用作物按需补灌水肥一体化管理决策支持系统，输入土壤容重和田间持水率、播种期土壤体积含水率及某生育阶段的有效降水量，即可确定播种期、越冬期、拔节期和开花期是否需要补充灌溉以及所需的补灌水量。具体如下：

Ⅰ.播种期补灌水量的确定

于小麦播种前 1 d 或当天，测定田间地表下 0～20 cm 和20～40 cm 土层土壤体积含水率。计算 0～40 cm 土层土壤平

均体积含水率 θ_{v-0-40} （v/v，%），并用公式（1）计算 0～20 cm 土层土壤相对含水率（θ_{r-0-20}，%）。

$$\theta_{r-0-20} = \frac{\theta_{v-0-20}}{FC_{v-0-20}} \times 100\%\qquad(1)$$

式中：

θ_{r-0-20}——0～20 cm 土层土壤相对含水率（%）；

θ_{v-0-20}——0～20 cm 土层土壤体积含水率（v/v，%）；

FC_{v-0-20}——0～20 cm 土层土壤田间持水率（v/v，%）。

用公式（2）计算播种期 0～100 cm 土层土壤贮水量：

$$S_s = 7.265\theta_{v-0-40} + 100.068\qquad(2)$$

式中：

S_s——播种期 0～100 cm 土层土壤贮水量（mm）；

θ_{v-0-40}——播种期 0～40 cm 土层土壤体积含水率（v/v，%）。

当 $\theta_{r-0-20} > 70\%$ 且 $S_s \geq 317$ mm 时，无需补灌；当 $\theta_{r-0-20} \leq 70\%$ 且 $S_s < 317$mm 时，分别用公式（3）和公式（4）计算需补灌水量，二者相比取最大值，并于播种后实施灌溉。

$$I_s = 317 - S_s\qquad(3)$$

式中：

I_s——播种期需补灌水量（mm）；

S_s——播种期 0～100 cm 土层土壤贮水量（mm）。

$$I_s = 10 \times 0.2 \times (FC_{v-0-20} - \theta_{v-0-20})\qquad(4)$$

式中：

I_s——播种期需补灌水量（mm）；

FC_{v-0-20}——0～20 cm 土层土壤田间持水率（v/v，%）；

θ_{v-0-20}——0～20 cm 土层土壤体积含水率（v/v，%）。

Ⅱ. 越冬期补灌水量的确定

按公式（5）计算播种至越冬期主要供水量：

$$WS_{sw} = S_s + P_{sw} + I_s \qquad (5)$$

式中：

WS_{sw}——播种至越冬期主要供水量（mm）；

S_s——播种期 0～100 cm 土层土壤贮水量（mm）；

P_{sw}——播种至越冬期有效降水量（mm）；

I_s——播种期补灌水量（mm）。

当 $WS_{sw} \geqslant 326.8$ mm 时，无需补灌；当 $WS_{sw} < 326.8$ mm 时，按公式（6）计算需补灌水量：

$$I_w = 326.8 - WS_{sw} \qquad (6)$$

式中：

I_w——越冬期需补灌水量（mm）；

WS_{sw}——播种至越冬期主要供水量（mm）。

Ⅲ. 拔节期补灌水量的确定

按公式（7）计算播种至拔节期需补灌水量（不包括播种期灌水量）：

$$SI_{sj} = -7.085 \times 10^{-6} Y_{sj}^2 + 0.066 Y_{sj} - 89.748$$

$$\qquad (7)$$

式中：

SI_{sj}——播种至拔节期需补灌水量（mm，不包括播种期灌水量）；

Y_{sj}——按公式（8）预测的冬小麦籽粒产量（kg/hm²）。

$$Y_{sj} = 35.776 S_{si} + 6.831 P_{sw} + 10.103 P_{wj} - 5\,250.452$$

$$\qquad (8)$$

式中：

S_{si}——播种期主要供水量（$S_{si}=S_s+I_s$，mm）；

P_{sw}——播种至越冬期有效降水量（mm）；

P_{wj}——越冬至拔节期有效降水量（mm）。

拔节期需补灌水量按公式（9）计算：

$$I_{j1}=SI_{sj}-I_w \tag{9}$$

式中：

I_{j1}——拔节期需补灌水量（mm）；

SI_{sj}——播种至拔节期需补灌水量（mm，不包括播种期灌水量）；

I_w——越冬期补灌水量（mm）。

如果 $I_{j1}>20$ mm，则以 I_{j1} 为拔节期需补灌水量，及时实施灌溉；如果 $I_{j1}\leqslant20$ mm，则需测定小麦拔节期田间地表下 $0\sim20$ cm 土层土壤体积含水率，用公式（10）计算拔节期需补灌水量 I_j（mm）：

$$I_j=10\times0.2\times(FC_{v-0-20}-\theta_{v-0-20}) \tag{10}$$

式中：

I_j——拔节期需补灌水量（mm）；

FC_{v-0-20}——$0\sim20$ cm 土层土壤田间持水率（v/v，%）；

θ_{v-0-20}——$0\sim20$ cm 土层土壤体积含水率（v/v，%）。

Ⅳ．开花期补灌水量的确定

按公式（11）计算播种至开花期需补灌水量（不包括播种期灌水量）：

$$SI_{sa}=-0.022Y_{sa}+224.742 \tag{11}$$

式中：

SI_{sa}——播种至开花期需补灌水量（mm，不包括播种期灌水量）；

Y_{sa}——按公式（12）预测的冬小麦籽粒产量（kg/hm²）。

$$Y_{sa} = 35.776S_{si} + 6.831P_{sw} + 10.103P_{wj}$$
$$+ 10.064P_{ja} - 5\,250.452 \tag{12}$$

式中：

S_{si}——播种期主要供水量（$S_{si} = S_s + I_s$，mm）；

P_{sw}——播种至越冬期有效降水量（mm）；

P_{wj}——越冬至拔节期有效降水量（mm）；

P_{ja}——拔节至开花期有效降水量（mm）。

按公式（13）计算开花期拟补灌水量 I_a（mm）：

$$I_a = SI_{sa} - I_w - I_j \tag{13}$$

式中：

I_a——开花期拟补灌水量（mm）；

SI_{sa}——播种至开花期需补灌水量（mm，不包括播种期灌水量）；

I_w——越冬期补灌水量（mm）；

I_j——拔节期补灌水量（mm）。

如果 $I_a \geqslant 20$ mm，则以 I_a 为开花期需补灌水量，及时实施灌溉；如果 $I_a < 20$ mm，则需在 Ia 的基础上增加灌水量 10mm。

②采用阈值判断法

Ⅰ．播种期补灌水量的确定

于小麦播种前 1 d 或当天，测定 0～20 cm 土层土壤质量含水率（θ_{m-0-20}，%）。用公式（14）计算土壤相对含水率

$(\theta_{r-0-20}, \%)$。

$$\theta_{r-0-20} = \frac{\theta_{m-0-20}}{FC_{m-0-20}} \times 100\% \qquad (14)$$

式中：

θ_{r-0-20}——0～20 cm 土层土壤相对含水率（%）；

θ_{m-0-20}——0～20 cm 土层土壤质量含水率（%）；

FC_{m-0-20}——0～20 cm 土层土壤田间持水率（%）。

当 $\theta_{r-0-20} > 70\%$ 时，无需补灌；当 $\theta_{r-0-20} \leqslant 70\%$ 时，用公式（15）计算需补灌水量（I，mm），并于播种后实施灌溉。

$$I = 10 \times 0.2 \times \gamma_{0-20} \times (FC_{m-0-20} - \theta_{m-0-20}) \qquad (15)$$

式中：

I——需补灌水量（mm）；

γ_{0-20}——0～20 cm 土层土壤容重（g/cm^3）；

FC_{m-0-20}——0～20 cm 土层土壤田间持水率（%）；

θ_{m-0-20}——0～20 cm 土层土壤质量含水率（%）。

Ⅱ. 越冬期补灌水量的确定

在日平均气温下降至 3℃左右、表层土壤夜冻昼消时，测定 0～20 cm 土层土壤质量含水率（θ_{m-0-20}，%）。用公式（14）计算土壤相对含水率（θ_{r-0-20}，%）。

当 $\theta_{r-0-20} > 60\%$ 时，无需补灌；当 $\theta_{r-0-20} \leqslant 60\%$ 时，用公式（15）计算需补灌水量（I，mm），并及时实施灌溉。

Ⅲ. 拔节期补灌水量的确定

在小麦拔节初期，测定 0～20 cm 土层土壤质量含水率（θ_{m-0-20}，%）。用公式（14）计算土壤相对含水率（θ_{r-0-20}，%）。

当 $\theta_{r-0-20} > 70\%$ 时，无需补灌；当 $\theta_{r-0-20} \leqslant 50\%$ 时，用公式（15）计算需补灌水量（I，mm），并及时实施灌溉；当 $50\% < \theta_{r-0-20} \leqslant 70\%$ 时，暂不灌溉，于拔节后 10 d，测定 0～20 cm 土层土壤质量含水率（θ_{m-0-20}，%）。用公式（14）计算土壤相对含水率（θ_{r-0-20}，%）。

当 $\theta_{r-0-20} > 70\%$ 时，无需补灌；当 $\theta_{r-0-20} \leqslant 70\%$ 时，用公式（15）计算需补灌水量（I，mm），并及时实施灌溉。

Ⅳ. 开花期补灌水量的确定

在小麦完花期，测定 0～20 cm 土层土壤质量含水率（θ_{m-0-20}，%）。用公式（14）计算土壤相对含水率（θ_{r-0-20}，%）。

当 $\theta_{r-0-20} > 50\%$ 时，无需补灌；当 $\theta_{r-0-20} \leqslant 50\%$ 时，用公式（15）计算需补灌水量（I，mm），并及时实施灌溉。

10. 水肥一体化管理

（1）分类施肥 氮、磷、钾肥的施用时期和数量根据土壤质地、耕层主要养分含量和小麦目标产量确定。耕层主要养分含量分级见表 1-1。不同土壤质地、耕层养分级别和目标产量麦田的施肥方案如表 1-2 所示。

表 1-1　麦田耕层养分含量分级表

养分级别	有机质含量（g/kg）	全氮含量（g/kg）	碱解氮含量（mg/kg）	有效磷含量（mg/kg）	速效钾含量（mg/kg）
Ⅰ	>20	>1.5	>120	>40	>150
Ⅱ	15～20	1.0～1.5	75～120	20～40	120～150
Ⅲ	10～15	0.75～1.0	45～75	10～20	80～120
Ⅳ	<10	<0.75	<45	<10	<80

表 1-2　麦田分类施肥表

土壤质地	养分级别	目标产量（kg/hm²）	N 总量（kg/hm²）	N B∶J∶A	P₂O₅ 总量（kg/hm²）	P₂O₅ B∶J∶A	K₂O 总量（kg/hm²）	K₂O B∶J∶A
N、R	Ⅰ	9 000~10 500	192~240	5∶5∶0	90~120	10∶0∶0	90~120	5∶5∶0
N、R	Ⅱ	9 000~10 500	240	5∶5∶0	120~150	10∶0∶0	120~150	5∶5∶0
N、R	Ⅰ	7 500~9 000	150~192	5∶5∶0	60~90	10∶0∶0	0~60	0∶10∶0
N、R	Ⅱ	7 500~9 000	192~240	5∶5∶0	90~120	10∶0∶0	45~90	5∶5∶0
N、R	Ⅲ	7 500~9 000	240	5∶5∶0	120	10∶0∶0	90~120	5∶5∶0
S	Ⅱ	9 000~10 500	240	5∶3∶2	120~150	5∶5∶0	120~150	5∶3∶2
S	Ⅱ	7 500~9 000	192~240	5∶5∶0	90~120	5∶5∶0	90	5∶5∶0
S	Ⅲ、Ⅳ	7 500~9 000	240	5∶5∶0	120~150	10∶0∶0	90~120	5∶5∶0
S	Ⅲ	6 000~7 500	192~210	5∶5∶0	60~90	10∶0∶0	60~90	10∶0∶0
S	Ⅳ	6 000~7 500	210~240	5∶5∶0	90~120	10∶0∶0	90~120	10∶0∶0

注：N 代表黏土，R 代表轻壤土，中壤土和重壤土，S 代表沙壤土；B∶J∶A 为底肥∶拔节肥∶开花肥。连续 3 年以上施用腐熟农家肥或优质商品有机肥 7 500~15 000 kg/hm² 的地块，可在表中规定施肥量的基础上减少氮素化肥总用量的 15%~20%，减少磷素和钾素化肥总用量的 20%~30%。

（2）随水追肥 小麦拔节期和开花期需要追肥的麦田，使用与微灌系统相配套的溶肥和注肥机械，在补灌水的同时，将肥液注入输水管，使其随灌溉水均匀施入田间。如果该时期需要追肥但不需灌水，则需在该时期增灌 10 mm，以随水追肥。

肥液的配制和注肥操作流程依据作物按需补灌水肥—体化管理决策支持系统（http：//www. cropswift.com/）提供的方案实施，亦可根据以下步骤依次确定：灌溉单元所需的溶肥次数（n），灌溉单元需注入肥液的体积（V_{tf}，L），单次溶肥推荐氮肥加入量（M_{tfn-c}，kg），单次溶肥推荐钾肥加入量（M_{tfk-c}，kg），灌溉单元适宜的注肥流量（F_{tf}，L/h），推荐开始注肥时间（T_{start}，h，自补灌开始到注肥开始的时间），推荐停止注肥时间（T_{stop}，h，自补灌开始到注肥结束的时间）。

用公式（16）计算出单位面积需追施氮肥量，单位为 kg/hm²；

$$M_{tfn-a} = M_n \times R_{tn}/C_{tfn} \tag{16}$$

式中：

M_n——小麦全生育期施氮量（N，kg/hm²）；

R_{tn}——本次追施 N 量占全生育期施氮量的比例（N，%）；

C_{tfn}——本次使用氮肥的含氮量（N，%）。

用公式（17）计算出单位面积需追施钾肥量，单位为 kg/hm²；

$$M_{tfk-a} = M_k \times R_{tk}/C_{tfk} \tag{17}$$

式中：

M_k——小麦全生育期施钾量（K₂O，kg/hm²）；

R_{tk}——本次追施 K_2O 量占全生育期施钾量的比例（K_2O,%）;

C_{tfk}——本次使用钾肥的含钾量（K_2O,%）。

用公式（18）计算出追施钾肥与追施氮肥的质量比值：

$$R_{k:n} = M_{tfk-a}/M_{tfn-a} \tag{18}$$

式中：

M_{tfk-a}——单位面积追施钾肥量（kg/hm²）;

M_{tfn-a}——单位面积追施氮肥量（kg/hm²）。

用公式（19）计算出所使用钾肥在常温条件下的溶解度与所使用氮肥在常温条件下的溶解度的比值：

$$R_{S-k:n} = S_k/S_n \tag{19}$$

式中：

S_k——本次使用钾肥在常温条件下的溶解度（kg/L）;

S_n——本次使用氮肥在常温条件下的溶解度（kg/L）。

当 $R_{k:n} \leqslant 1$ 且 $R_{S-k:n} \leqslant R_{k:n}$，或 $R_{k:n} \geqslant 1$ 且 $R_{S-k:n} \geqslant R_{k:n}$ 时，用公式（20）计算出灌溉单元需注入肥液的体积，单位为 L：

$$V_{tf} = M_{tfk-a} \times A_t/(C_{lf} \times S_k \times 10\ 000) \tag{20}$$

式中：

M_{tfk-a}——单位面积追施钾肥量（kg/hm²）;

A_t——灌溉单元的面积（m²）;

C_{lf}——肥液浓度调整系数，取值范围为 $0.01 \leqslant C_{lf} \leqslant 0.8$，推荐值为 $0.5 \leqslant C_{lf} \leqslant 0.8$;

S_k——本次使用钾肥在常温条件下的溶解度（kg/L）。

当 $V_{tf} \leqslant V_{bucket}$ 时，灌溉单元所需的溶肥次数 $n=1$，单次

溶肥推荐加水量 $V_r = V_{tf}$。

用公式（21）计算出单次溶肥推荐钾肥加入量，单位为 kg：

$$M_{tfk-c} = V_r \times C_{lf} \times S_k \qquad (21)$$

式中：

V_r——单次溶肥推荐加水量（L）；

C_{lf}——肥液浓度调整系数，取值范围为 $0.01 \leqslant C_{lf} \leqslant 0.8$，推荐值为 $0.5 \leqslant C_{lf} \leqslant 0.8$；

S_k——本次使用钾肥在常温条件下的溶解度（kg/L）。

用公式（22）计算出单次溶肥推荐氮肥加入量，单位为 kg：

$$M_{tfn-c} = M_{tfk-c} / R_{k:n} \qquad (22)$$

式中：

M_{tfk-c}——单次溶肥推荐钾肥加入量（kg）；

$R_{k:n}$——本次追施钾肥与追施氮肥的质量比值。

当 $V_{tf} > V_{bucket}$ 时，用公式（23）计算出灌溉单元需注入肥液的体积与单次溶肥的最大加水量的体积比值：

$$R_{v:v} = V_{tf} / V_{bucket} \qquad (23)$$

式中：

V_{tf}——灌溉单元需注入肥液的体积（L）；

V_{bucket}——溶肥桶的最大加水量（L）。

如果 $R_{v:v}$ 为整数，则灌溉单元所需的溶肥次数 $n = R_{v:v}$；如果 $R_{v:v}$ 为非整数，则灌溉单元所需的溶肥次数 n 为 $R_{v:v}$ 的整数部分 $+1$。

用公式（24）计算出单次溶肥推荐加水量，单位为 L：

$$V_r = V_{tf}/n \tag{24}$$

式中：

V_{tf}——灌溉单元需注入肥液的体积（L）；

n——灌溉单元所需的溶肥次数。

用公式（25）计算出单次溶肥推荐钾肥加入量，单位为 kg：

$$M_{tfk-c} = V_r \times C_{lf} \times S_k \tag{25}$$

式中：

V_r——单次溶肥推荐加水量（L）；

C_{lf}——肥液浓度调整系数，取值范围为 $0.01 \leqslant C_{lf} \leqslant 0.8$，推荐值为 $0.5 \leqslant C_{lf} \leqslant 0.8$；

S_k——本次使用钾肥在常温条件下的溶解度（kg/L）。

用公式（26）计算出单次溶肥推荐氮肥加入量，单位为 kg：

$$M_{tfn-c} = M_{tfk-c}/R_{k:n} \tag{26}$$

式中：

M_{tfk-c}——单次溶肥推荐钾肥加入量（kg）；

$R_{k:n}$——本次追施钾肥与追施氮肥的质量比值。

当 $R_{k:n} \leqslant 1$ 且 $R_{S-k:n} > R_{k:n}$，或 $R_{k:n} \geqslant 1$ 且 $R_{S-k:n} < R_{k:n}$ 时，用公式（27）计算出灌溉单元需注入肥液的体积，单位为 L：

$$V_{tf} = M_{tfn-a} \times A_t/(C_{lf} \times S_n \times 10\,000) \tag{27}$$

式中：

M_{tfn-a}——单位面积追施氮肥量（kg/hm²）；

A_t——灌溉单元的面积（m²）；

C_{lf}——肥液浓度调整系数，取值范围为 $0.01 \leqslant C_{lf} \leqslant 0.8$，推荐值为 $0.5 \leqslant C_{lf} \leqslant 0.8$；

S_n——本次使用氮肥在常温条件下的溶解度（kg/L）。

当 $V_{tf} \leqslant V_{bucket}$ 时，灌溉单元所需的溶肥次数 $n=1$，单次溶肥推荐加水量 $V_r = V_{tf}$。

用公式（28）计算出单次溶肥推荐氮肥加入量，单位为 kg：

$$M_{tfn-c} = V_r \times C_{lf} \times S_n \tag{28}$$

式中：

V_r——单次溶肥推荐加水量（L）；

C_{lf}——肥液浓度调整系数，取值范围为 $0.01 \leqslant C_{lf} \leqslant 0.8$，推荐值为 $0.5 \leqslant C_{lf} \leqslant 0.8$；

S_n——本次使用氮肥在常温条件下的溶解度（kg/L）。

用公式（29）计算出单次溶肥推荐钾肥加入量，单位为 kg：

$$M_{tfk-c} = M_{tfn-c} \times R_{k:n} \tag{29}$$

式中：

M_{tfn-c}——单次溶肥推荐氮肥加入量（kg）；

$R_{k:n}$——本次追施钾肥与追施氮肥的质量比值。

用公式（30）计算出灌溉单元完成补灌所需要的时间 T_i，单位为 h：

$$T_i = MI \times A_t / (F_i \times 1\,000) \tag{30}$$

式中：

MI——拟补灌水量（mm）；

A_t——灌溉单元的面积（m²）；

F_i——灌溉水流量（m³/h）；

用公式（31）计算出推荐开始注肥时间 T_{start}，单位为 h：

$$T_{start} = T_i / 3 \qquad\qquad (31)$$

式中：

T_i——灌溉单元完成补灌所需要的时间（h）。

用公式（32）计算出推荐停止注肥时间 T_{stop}，单位为 h：

$$T_{stop} = T_i \times 2/3 \qquad\qquad (32)$$

式中：

T_i——灌溉单元完成补灌所需要的时间（h）。

用公式（33）计算出灌溉单元适宜的注肥流量，单位为 L/h：

$$F_{tf} = V_{tf} / (T_{stop} - T_{start}) \qquad\qquad (33)$$

式中：

V_{tf}——灌溉单元需注入肥液的体积（L）；

T_{start}——推荐开始注肥时间，即自补灌开始到注肥开始的时间（h）；

T_{stop}——推荐停止注肥时间，即自补灌开始到注肥结束的时间（h）。

11. 病虫害绿色综合防控

（1）主要病虫害统防统治

① 起身至拔节期阻击蔓延。该期以防治小麦纹枯病、条锈病、白粉病等病害为重点，兼治红蜘蛛和蚜虫等虫害，局部地块防治小麦吸浆虫。

② 抽穗至灌浆期一喷三防。抽穗扬花期遇雨或有雾高湿天气，易诱发赤霉病。该期亦是蚜虫高发和锈病、白粉病流行的

关键期，应以防治蚜虫为主，兼治锈病、白粉病、赤霉病等病害。开花以后，根据病虫害发生情况，实施"一喷三防"。

（2）**药械使用** 采用高效低毒且符合国家法律法规和环保要求的农药。

大规模经营主体（总面积＞3 333 hm²，单块地面积＞100 hm²）宜采用飞机大面积喷防；小规模地块宜采用无人机或防飘对靶减量施药植保机械喷防。

12. 非生物灾害预防

（1）**控旺防倒** 对旺长麦田或株高偏高的品种，应于越冬前或返青至起身期镇压1～2次。

（2）**抵御干热风** 孕穗期至灌浆期叶面喷肥。提倡适时微喷，增湿降温。采用微喷增湿降温，应于小麦灌浆中后期在预报高温当天10：00时微喷5～10 mm水为宜。

13. 机械收获

蜡熟末期至完熟初期采用联合收割机收割，提倡麦秸还田。

（二）玉米季

1. 选用多抗高产玉米杂交种

所选品种应为经试验和示范适应当地生产条件，抗倒伏、抗病、抗逆性强，产量潜力在13 500 kg/hm²以上，耐密紧凑型的玉米杂交种。

2. 种子处理

播种前选用高效低毒的专用种衣剂对种子包衣，没有包衣的种子要用高效低毒杀虫剂和杀菌剂拌种。推荐使用解淀粉芽孢杆菌、甲基营养型芽孢杆菌等生防菌发酵液拌种处理玉米种子，有效降低玉米茎基腐病等土传病害的病情指数和发病率，以减少化学农药的使用量。同时可以提高种子发芽率，促进根部及地上部植株生长。

3. 秸秆还田

前茬小麦秸秆粉碎还田。粉碎后的秸秆长度以＜10 cm 为宜。留茬高度不宜超过 20 cm。秸秆量过大的地块，提倡将秸秆综合利用，部分回收与适量还田相结合。

4. 种肥同播

小麦收获后，采用具有种肥同播功能的玉米单粒精播机抢茬播种。种植密度为每公顷 6.75 万～9 万株，播种规格以 60 cm 等行距种植为主，也可采用宽窄行种植，宽行80 cm，窄行40 cm，株距根据种植密度确定。播种深度 3～5 cm。玉米播种时将底肥条施或穴施于种子一侧，与种子的间距为 5～10 cm，施肥深度一般为 10～15 cm。玉米季可选用玉米专用控释肥、掺混肥和速效氮磷钾化肥等。

5. 按需补灌

（1）监测夏玉米生长季降水量 通过雨量数据采集器或从当地气象局（站），依次获取夏玉米播种至拔节、拔节至大喇叭口、大喇叭口至吐丝期间的有效降水量。

（2）确定补灌时期和补灌水量 夏玉米一生中一般需要在播种期补灌保苗水，在拔节期补灌促壮水，在大喇叭口期补灌稳产水，在吐丝期补灌增产水。夏玉米在各关键生育时期是否需要补灌以及所需补灌水量，依据其高产高效耗水特性和自然供水状况确定。可登录 http：//www. cropswift.com/，利用作物按需补灌水肥一体化管理决策支持系统，输入土壤容重和田间持水率、播种期土壤体积含水率及某生育阶段的有效降水量，即可确定播种期、拔节期、大喇叭口期和吐丝期是否需要补充灌溉以及所需的补灌水量。

6. 水肥一体化管理

(1) 分类施肥 氮、磷、钾肥的施用数量根据耕层主要养分含量和玉米目标产量确定。耕层主要养分含量分级见表1-1。不同耕层养分级别和目标产量玉米田的施肥方案如表 1-3 所示。

表 1-3 夏玉米田分类施肥表

养分级别	目标产量 （kg/hm²）	N 总量 （kg/hm²）	P₂O₅ 总量 （kg/hm²）	K₂O 总量 （kg/hm²）
I	13 500～15 000	240～270	120～150	120～150
I	12 000～13 500	192～240	90～120	90～120
I	10 500～12 000	180～192	60～90	60～90
II	10 500～12 000	180～192	90～120	90～120
II	9 000～10 500	150～180	60～90	60～90
III	7 500～9 000	150～180	50～60	50～60
III	6 000～7 500	135～150	40～50	40～50
IV	6 000～7 500	150～180	50～60	50～60

注：连续3年以上施用腐熟农家肥或优质商品有机肥7 500～15 000 kg/hm²的地块，可在表中规定施肥量的基础上减少氮素化肥总施用量的15%～20%，减少磷素和钾素化肥总用量的20%～30%。

玉米季肥料可选用控释掺混肥和速效氮磷钾肥等。底肥选用控释掺混肥时，80%的氮素、100%的磷素和80%的钾素在播种期底施，剩余20%的氮素和钾素于玉米吐丝期随灌溉水追施；追施的氮肥和钾肥可分别选用尿素和氯化钾。底肥选用速效氮磷钾肥时，100％的磷素和钾素、20％的氮素在播种期底施，之后分别于玉米拔节期、大喇叭口期和吐丝期随水追施30％、20％和30％的氮素。

（2）**随水追肥** 玉米拔节期、大喇叭口期和吐丝期需要追肥时，使用与微灌系统相配套的溶肥和注肥机械，在补灌水的同时，将肥液注入输水管，使其随灌溉水均匀施入田间。如果该时期需要追肥但不需灌水，则需在该时期增灌 10 mm，以随水追肥。

肥液的配制和注肥操作流程依据作物按需补灌水肥一体化管理决策支持系统（http：//www. cropswift.com/）提供的方案实施。具体方法与小麦季相同。

7. 病虫害绿色综合防控

（1）**物理防治** 采用黑光灯、震频式杀虫灯、色光板、性诱剂释放器等物理装置诱杀鳞翅目、同翅目害虫。

（2）**药剂防治** 选用高效低毒农药，苗期注意进行粗缩病、地老虎、金针虫、二点委夜蛾、二代黏虫、玉米螟、红蜘蛛、蓟马、灰飞虱等病虫害的防治；中后期注意及时进行叶斑病、茎基腐病、锈病、玉米蚜、三代黏虫等病虫害防治。

（3）**生物农药防治** 建议用生物农药替代化学农药。防治玉米大斑病等病害，每公顷可施用 1 050～1 200 mL 枯草芽孢杆菌可分散油悬浮剂（200 亿芽孢/mL）喷雾。防治玉米螟等鳞翅目害虫可施用苏云金杆菌可湿性粉剂、白僵菌制剂或悬挂松毛虫赤眼蜂卡等。

（4）**药械使用** 采用高效低毒且符合国家法律法规和环保

要求的农药。

大规模经营主体（总面积＞3 333 hm²，单块地面积＞100 hm²)宜采用飞机大面积喷防；小规模地块宜采用无人机或防飘对靶减量施药植保机械喷防。

8. 非生物灾害预防

（1）控旺防倒　在拔节（第6叶展开）到小喇叭口期（9～10叶展开），对长势过旺的玉米，喷施安全高效的植物生长调节剂，抑制其茎秆过度伸长。

（2）排水防涝　玉米生长季遇强降雨或连续降雨时，注意及时排水防涝。

（3）抵御高温危害　玉米抽雄吐丝期遇高温严重降低花粉活力，影响授粉。提倡适时微喷，增湿降温。必要时采用辅助授粉技术，在盛花期选择温湿度适宜的晴天上午9：00～10：00,采用人工拉绳的方法振荡雄穗辅助授粉。

9. 机械收获

在夏玉米成熟期即苞叶变成黄白色、籽粒乳线基本消失、基部黑层出现时使用玉米联合收获机收获。玉米籽粒机械直收应待籽粒含水率下降至25％～30％时收获。

著写人员与单位

王东[1]，殷复伟[2]，谷淑波[1]，高瑞杰[3]，鞠正春[3]

[1]山东农业大学；[2]泰安市农业技术推广站；[3]山东省农业技术推广总站

第二节　麦—玉畦灌周年节水节肥节药综合技术方案

冬小麦—夏玉米畦灌周年节水节肥节药综合技术方案，包含播前准备、播种、田间管理、适时收获等环节。适于黄淮南部采用畦灌的冬小麦—夏玉米周年生产。

在黄淮南部小麦玉米轮作区试验、示范和应用表明，采用本方案，小麦玉米全量秸秆还田使土壤耕层结构得到明显改善，土壤有机质含量有一定的提升，土壤的保水性、通气性和土壤 pH 明显得到改良。2018 年本方案在河南鹤壁浚县、焦作武陟、许昌长葛、周口郸城等地的玉米节水节肥节药综合技术方案百亩样板田、千亩示范方建设，经过专家测产验收，与对照田相比，示范田产量略增或持平，灌溉水投入减少 18.9％～25.0％，肥料投入减少 12.6％～20.0％，农药用量减少 11.1％～15.8％。

一、技术要点

（一）播前准备

1. 夏玉米—冬小麦茬口秸秆处理

夏玉米收获后进行全量秸秆还田，宜用秸秆还田机对玉米秸秆粉碎，秸秆切碎长度≤5 cm 并抛撒均匀。

冬小麦收获后进行全量秸秆还田，麦茬留茬高度不宜超过20 cm，麦秆应切碎（长度≤10 cm）并抛撒均匀，若留茬高度≥20 cm 且秸秆量较大，宜进行机械灭茬。

2. 土壤耕作

冬小麦播种前，宜采用深松耕（深度≥35cm，宽度60～70 cm，每2～3 年一次）＋旋耕（深度 10～15 cm）的耕作方式；夏玉米播种前，宜采用免（少）耕作业，作业要求应符合 DB41/T 923—2014 的规定。

3. 畦田规格与灌水技术参数

畦田坡度：整地时平整畦面，打好畦埂。畦田沿畦长方向的坡度宜在 1‰～5‰，畦埂高度宜在 15～20 cm。

畦宽：畦宽应与农机具作业要求相适应，一般在 2.8～3.5 m。

畦长：应根据土壤质地、田面坡度、入畦流量等因素确定。对于井灌区，机井出水量大都在 30～40 m^3/h，壤土一般畦长控制在 50～70 m，沙土 40～60 m，黏土 60～80 m；对于渠灌区，畦田长度可适当增大，壤土一般畦长控制在 60～100 m，沙土 50～80 m，黏土 80～120 m。

入畦流量：为了保证灌水均匀度，入畦流量宜控制在3～6 L/（s•m）。水源流量不超过 60 m^3/h 时每次只灌一畦，水源流量超过 60 m^3/h 时可增加开口数。当水源流量过小，畦田较长时，应该对畦田进行分段灌溉。

4. 品种选择

选用适宜所在区域种植的具有节水、节肥、节药潜力的冬小麦和夏玉米品种。玉米种子适合单粒播种，种子质量应符合 DB41/T 923—2014 的规定；小麦种子应符合 GB 4404.1—2008 的规定。

高产多抗综合性状优良小麦品种有郑麦 366、豫农 416、许科 316、矮抗 58、新麦 19、周麦 22、郑麦 7698、豫麦 49-

198、新麦 26、存麦 11、百农 418、泰禾 882 等；节水丰产小麦品种有平安 8 号、周麦 18、郑麦 7698、矮抗 58、衡观 35、郑麦 9023、新麦 26、豫麦 49-198 等；氮高效丰产小麦品种有平安 8 号、豫农 202、周麦 28、存麦 11 和濮麦 053 等。

高产多抗综合性状优良玉米品种，2012 年以前审定的生产主导品种有伟科 702、先玉 335、浚单 20、浚单 29、郑单 538、德单 5 号、隆平 206、蠡玉 16、新单 29；近几年国家或省级审定的品种有航星 118、泛玉 298、豫单 606、晟玉 21、潍玉 6 号、丰玉 601、北青 340、北青 380、登海 3206、迪卡 653；水分高效玉米新品种有联创 808、伟科 702、郑单 538、豫单 606、郑单 1002、迪卡 517；氮高效玉米新品种有先玉 1140、联创 808、迪卡 653、航星 11-8、北青 340、成玉 16、优迪 919、现代 703；黄淮海两大主导品种郑单 958 属于水肥钝感品种（即节水节肥丰产高效品种），先玉 335 属于水肥敏感品种（即水肥供应不足减产严重，但水肥供应适时充分增产潜力较大的品种）。

5. 种子处理

选用种子应进行药剂包衣或拌种。包衣技术应符合 GB/T 15671—2009 的规定，拌种技术标准应符合 NY/T 1276—2007 的规定。

6. 肥料

冬小麦—夏玉米施肥要周年一体化统筹。冬小麦—夏玉米两季氮肥按 4:6、磷肥按 6:4 分配，可以提高全年肥料利用率，达到周年增产效果。

小麦季在氮肥的施用上，一般按每生产 100 kg 籽粒需要 3 kg 纯氮或略低，比如产量 7 500 kg/hm²，小麦全生育期施氮

210 kg/hm²；产量 9 000 kg/hm²，施氮 240 kg/hm² 左右。磷钾肥一般用 P_2O_5 和 K_2O，各 105 kg/hm² 左右。

玉米季在氮肥的施用上，一般按每生产 100 kg 籽粒需要 2.6～3 kg 纯氮，中低产取下限，高产取上限。具体肥料筹备应根据土壤分区、施肥总量控制指标和区域施肥方法和技术指标确定（表 1-4、表 1-5、表 1-6、表 1-7）。

表 1-4 河南省夏玉米绿色高效施肥区域划分

区 域	涵盖区域
豫东、豫北平原潮土区	濮阳市、商丘市、开封市、滑县、长垣县、永城市、兰考县全部，安阳市、鹤壁市东部，焦作市（山区除外），新乡市大部（卫辉、辉县山区除外），郑州市、许昌市东部，周口市、漯河市北部及鹿邑县部分地区
豫中南、豫西南砂姜黑土、黄褐土区	驻马店市、新蔡县、邓州市全部，南阳市大部，平顶山市、漯河市、周口市南部，许昌市、鹿邑县部分地区
豫西北、豫北山地丘陵褐土、红黏土区	济源市、三门峡市、洛阳市、巩义市、汝州市全部，安阳市、鹤壁市、新乡市、焦作市、郑州市、许昌市、平顶山市、南阳市、驻马店市山区丘陵区
沿淮砂姜黑土、黄褐土、水稻土区	信阳市、固始县、桐柏县全部

表 1-5 不同区域的化肥施用总量控制指标

区 域	总量控制指标（kg/hm²）				产量水平（kg/hm²）
	氮（N）	磷（P_2O_5）	钾（K_2O）	总量	
豫东、豫北平原潮土区	270	105	135	390	8 250～9 000
豫中南、豫西南砂姜黑土、黄褐土区	240	90	120	360	7 500～8 250
沿淮砂姜黑土、黄褐土、水稻土区	240	90	105	360	6 750～7 500
豫西北、豫北山地丘陵褐土、红黏土区	225	105	75	330	5 250～6 000

表1-6　河南省夏玉米区域施肥技术指标

区域	以产定氮			丰缺定磷钾			
	氮（N）		底追比	磷（P₂O₅）		钾（K₂O）	
	产量水平 (kg/hm²)	施肥量 (kg/hm²)		分级指标 (P) (kg/hm²)	施肥量 (P₂O₅) (kg/hm²)	分级指标 (K) (kg/hm²)	施肥量 (K₂O) (kg/hm²)
豫东、豫北平原潮土区	<6 000	150~180	4:6~6:4	<75	75~105	<750	105~135
	6 000~7 500	180~210		75~150	45~75	750~1 050	75~105
	7 500~9 000	210~240	3:7~4:6	150~225	30~45	1 050~1 800	45~75
	>9 000	240~270		>225	15~30	>1 800	15~45
豫中南、豫西南砂姜黑土、黄褐土区	<5 250	120~150	4:6~7:3	<150	60~90	<975	90~120
	5 250~6 750	150~180		150~225	30~60	975~1 350	60~90
	6 750~8 250	150~210	3:7~4:6	225~300	15~30	1 350~1 950	30~60
	>8 250	210~240		>300	0~15	>1 950	0~30

（续）

区域	产量水平 (kg/hm²)	以产定氮		丰缺定磷钾			
		氮 (N)		磷 (P₂O₅)		钾 (K₂O)	
		施肥量 (kg/hm²)	底追比	分级指标 (P) (kg/hm²)	施肥量 (P₂O₅) (kg/hm²)	分级指标 (K) (kg/hm²)	施肥量 (K₂O) (kg/hm²)
豫西北，豫北山地丘陵褐土红黏土区	<4 500	120~150	—	<4 500*	0~45	<4 500*	15~30
	4 500~6 000	150~195	—	4 500~6 000*	45~75	4 500~6 000*	30~45
	>6 000	195~225	—	>6 000*	75~105	>6 000*	45~75
沿淮砂姜黑土、黄褐土、水稻土区	<6 000	120~150	5:5~7:3	<150	60~90	<1 050	60~105
	6 000~7 500	150~210	4:6~5:5	150~300	30~60	1 050~1 800	30~60
	>7 500	210~240		>300	15~30	>1 800	15~30

注：（1）氮磷钾技术指标独立；（2）磷钾分级指标中带有"*"标注为玉米产量水平；（3）连续三年秸秆还田的土壤可不施或少施钾肥，缺钾土壤可在大喇叭口期适当补充钾肥；（4）底追比根据土壤质地确定，偏黏底肥比重略增，偏砂底肥比重略减。

表1-7 河南省夏玉米区域大配方推荐

区域	产量水平(kg/hm²)	苗期追肥 配合式(45%)	苗期追肥 施肥量(kg/hm²)	喇叭口期追肥 品种	喇叭口期追肥 施肥量(kg/hm²)	区域大配方 配合式(45%)	区域大配方 施肥量(kg/hm²)	一次性施肥 配合式(40%)	一次性施肥 施肥量(kg/hm²)
豫东、豫北平原潮土区	<6 000	17-13-15或相近配方	450~525	尿素	135~150	27-8-10或相近配方	525~600	25-7-8或相近配方	600~675
	6 000~7 500		525~600		150~195		600~675		600~750
	7 500~9 000		525~600		195~240		600~750		600~750
	>9 000		600~675		240~270		675~750		675~750
豫中南、豫西南砂姜黑土、黄褐土区	<5 250	15-15-15或相近配方	450~525	尿素	105~120	25-9-11或相近配方	525~675	22-8-10或相近配方	600~675
	5 250~6 750		525~600		120~150		600~750		600~750
	6 750~8 250		600~675		150~195		600~750		600~750
	>8 250		600~675		195~225		675~750		675~750

（续）

区 域	产量水平 (kg/hm²)	区域大配方							
		苗期追肥		喇叭口期追肥				一次性施肥	
		配合式 (45%)	施肥量 (kg/hm²)	品种	施肥量 (kg/hm²)	配合式 (45%)	施肥量 (kg/hm²)	配合式 (40%)	施肥量 (kg/hm²)
豫西北、豫北山地丘陵褐土红黏土区	<4 500	24-12-9 或相近配方	450~600	尿素	45~75	30-10-5 或相近配方	450~600	27-9-4 或相近配方	525~600
	4 500~6 000		525~675		60~90		600~675		600~750
	>6 000		600~675		75~105		600~750		600~750
沿淮砂姜黑土、黄褐土、水稻土区	<6 000	18-15-12 或相近配方	450~525	尿素	105~120	27-10-8 或相近配方	525~675	24-9-7 或相近配方	525~675
	6 000~7 500		525~600		120~150		600~750		600~750
	>7 500		600~675		150~180		600~750		600~750

注：(1) 大配方推荐以45%或40%含量计算，若采用其他含量，按比例折算即可。同时施用量适当增减；施肥量均为为实物量。(2) 连续三年秸秆还田的玉米田可减少钾肥施用量，高肥力地块肥料用量可适当减少；(3) 小麦—玉米一体化施肥中，若磷钾分配以小麦季为重。玉米季磷钾肥用量在上述推荐的基础上酌减；(4) 普通区域推荐分次施肥，山地丘陵区推荐使用一次性施肥。

7. 农药

根据冬小麦—夏玉米周年生产系统大田病虫草害发生规律，选择安全可靠、高效低毒的生物、化学农药和除草剂。农药应符合 NY/T 1276—2007 的规定，除草剂应符合 NY/T 1997—2011 的规定。

8. 农机具

根据冬小麦—夏玉米周年生产系统整地、播种、水肥药管理和收获作业机械要求，选择安全可靠、高效作业的现代农机具。农机具应符合 JB/T 8574—2013 的规定。依据我们专项研究成果，建议选择使用以下农机具。

（1）整地播种机具

①玉米免耕种肥药一体机。该机不仅能够在免耕条件下进行玉米播种、施肥、施药等多项作业，满足农艺技术要求，并且能够减少机具进地次数、降低土壤压实，在保证产量稳定的同时还能提高作业效率，实现节能减排增效的目标。

②全还田防缠绕免耕施肥播种机。2BMQF-6/12 型全还田防缠绕免耕施肥播种机（图 1-1），采用复式工作原理，一次性可完成对种植苗带处秸秆的铡切、灭茬、分茬、开沟、起垄、碎土、播种、施肥、覆土、镇压等多道工序，实现秸秆全还田，防缠绕免耕施肥播种，可在收获机（小麦收割机、水稻收割机、玉米收割机）过后，秸秆粉碎过的地里免耕播种小麦、玉米、大豆、花生、谷子、油菜等多种作物，种子着床在净土上，避免秸秆和土混合产生吊脚苗。同时，该机具的前置旋耕机的开沟起垄功能使土壤地表自然形成凸凹不平的状态，具有很好的集雨保墒节水效果。

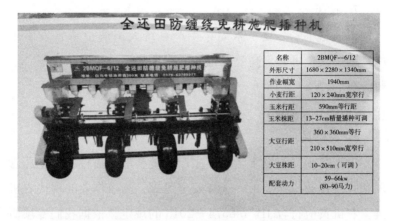

名称	2BMQF--6/12
外形尺寸	1680×2280×1340mm
作业幅宽	1940mm
小麦行距	120×240mm宽窄行
玉米行距	590mm等行距
玉米株距	13~27cm精量播种可调
大豆行距	360×360mm等行距
	210×510mm宽窄行
大豆株距	10~20cm（可调）
配套动力	59~66kw（80~90马力）

图1-1 2BMQF-6/12型全还田防缠绕免耕施肥播种机

（2）田间管理植保药械

①电动背负式风送喷雾器。该款机器可用于小麦全生育期病虫草害防治，玉米生育前期病虫草害防治。此电动背负式风送喷雾器具有体积小、质量轻、压力高、使用寿命长、雾化效果好、喷雾均匀、用水用药少等优点。

②挡板导流式喷杆喷雾机。该款机器可用于小麦和玉米苗期病虫草害防治，能有效地减少农药雾滴的飘失，提高药效、增加防治效果，节水节药。

③新型植保无人机。新型植保无人机可用于小麦和玉米全生育期的病虫草害防治，具有作业效率高、喷洒效果好、人药分离、高效安全的特点。

（3）收获作业机具 小麦收获可选用带有后置秸秆粉碎还田装置的小麦联合收割机。

9. 整地

冬小麦应精细整地。前茬玉米收获后及早粉碎秸秆，均匀覆盖地表，秸秆长度小于 5 cm。在秸秆全部粉碎还田的基础上，采用每隔 2～3 年深松耕一次（耕作深度≥35 cm），其他年份旋耕（15 cm 以上 2 遍），耕后机耙 2 遍，除净根茬，耙后采用镇压器镇压，粉碎坷垃，地表平整。

夏玉米宜免耕整地。整地作业要求应符合 DB41/T 923—2014 的规定。

（二）播种

1. 播期播量

冬小麦宜在 10 月 5 日至 10 月 30 日播种；夏玉米宜在 6 月 1 日至 6 月 20 日播种。播量应依据品种的最佳种植密度、播种时间等因素确定。

2. 足墒播种

应足墒播种。墒情不足时，应造墒播种或播后灌溉。灌溉水质应符合 GB 5084—2005 的规定。

3. 播种方式

冬小麦采用精播机播种，确保下种均匀，深浅一致，播种深度 3～5 cm；采用宽幅播种，播种苗带宽 8 cm，行距 12 cm，或采用窄行匀播，行距 15～18 cm，播后镇压。

夏玉米宜采用免耕种肥一体化单粒播种。等行距种植，行距 60～65 cm。或宽窄行种植，宽行距 70～80 cm，窄行距 50～40 cm。播种深度 3～5 cm。

4. 底肥

冬小麦在秸秆还田基础上，增施底肥，每公顷施 N 150 kg，P_2O_5 105～120 kg，K_2O 75～105 kg。有条件的地方，可每公顷施有机肥 45 000～75 000 kg 或优质鸡粪15 000 kg。

夏玉米底肥宜选用磷钾含量较高的复合肥，肥料质量应符合 GB 15063—2009 的规定，按表 1-6 和表 1-7 推荐量施底肥。底肥施在距种子水平距离 8～10 cm 的侧下方深 10～15 cm 处。肥料使用应符合 NY/T 496—2010 的规定。

5. 种植密度

根据作物品种特性、土壤肥力和气候条件状况确定适宜的种植密度。

（三）田间管理

1. 灌排水

苗期可适当控水蹲苗，促根下扎。拔节后遇干旱、低温（小麦季）或高温（玉米季）天气应及时灌水，灌溉用水应符合 GB 5084—2005 要求。如遇渍涝应及时排水。

（1）冬小麦 足墒播种是保证冬小麦苗全、苗齐、苗壮的条件之一。如播前有透雨，0～20 cm 土层土壤相对含水率达到 70％以上，可以足墒播种；如播前少雨，土壤墒情不好，则需浇足底墒水。

越冬期麦苗地上部分停止或有微弱生长，根系虽仍在生长，但土壤冻结，蒸腾蒸发量均较小。黄淮地区在足墒播种的条件下一般不需灌越冬水，但遇到干旱年份，0～40 cm 土层土壤相对含水量低于 55％时，可以进行冬灌，冬灌应在日平均气温降至 3℃左右前进行。

返青后随着气温回升，生育加快，需水增加，蒸腾蒸发量增大，特别小麦拔节期，麦苗处在两极分化时期，营养生长与生殖生长并进，进入生长旺期，缺水将严重影响成穗、增粒，因此在冬小麦返青—起身期 0～40 cm 土壤相对含水量低于

55％时应进行灌溉。拔节—孕穗期间 0～60 cm 土壤相对含水量应高于 60％，抽穗—灌浆前期土壤相对含水量应高于 65％，灌浆后期土壤含水量低于 50％～55％也不会造成冬小麦明显减产。

冬小麦具体灌溉时间的确定可按照表 1-8 进行。当冬小麦不同生育时期土壤计划湿润层内的平均相对含水率低于小麦正常生长发育所允许的土壤水分下限时，即需进行补水灌溉。

表 1-8　冬小麦不同生育期土壤水分下限和计划湿润层深度

生育期	播种	苗期	越冬	返青	拔节	抽穗	灌浆
土壤水分下限 （占田间持水率比例，％）	70～75	60～70	55～60	60～65	60～65	65～70	55～60
计划湿润层深度 （cm）	20	40	40	40	60	80	80

（2）夏玉米　玉米在不同的生育时期对水分要求不同。玉米从播种发芽到出苗，需水量至少占总需水量的 3.1％～6.1％。玉米播种后种子需要吸取本身质量的 48％～50％的水分才能发芽。因此在播种时 0～20 cm 土壤水分必须保持在田间持水率的 70％左右，才能保证良好出苗。黄淮地区该时期往往干旱少雨，因此大多数年份都需要灌蒙头水以保证出苗。出苗至拔节期玉米耗水量占总耗水量的 15.6％～17.8％。此期土壤水分控制下限在田间持水率的 60％左右，可以为玉米蹲苗创造良好的条件。

玉米拔节以后，生长进入旺盛阶段，对水分要求较多，特别是抽雄前 10～15 d，此时土壤水分的亏缺对玉米生长影响极大，如水分亏缺严重则容易出现"卡脖旱"现象。因而这一阶段是玉米需水临界期，也是灌水关键期，要求土壤水分保持在田间持水率的 65%～70% 及以上。玉米进入灌浆成熟期尽管仍需较多的水分，但黄淮地区此期降水较多，一般能满足生长发育需要。

夏玉米具体灌溉时间的确定可按照表 1-9 进行。当夏玉米不同生育时期土壤计划湿润层内的平均相对含水率低于玉米正常生长发育所允许的土壤水分下限时，即需进行补水灌溉。

表 1-9　夏玉米不同生育期土壤水分下限和计划湿润层深度

生育期	播种	苗期	拔节	抽雄	灌浆
土壤水分下限 （占田间持水率比例，%）	70～75	60～65	65～70	70～75	60～65
计划湿润层深度 （cm）	20	40	60	80	80

（3）灌水定额　井灌区每次灌水量适宜控制在 600～900 m^3/hm^2；渠灌区一般不超过 1 125 m^3/hm^2。由于生产上一般缺乏灌溉用水计量设备，可利用改水成数进行控制，改水成数宜在 0.75～0.90。畦田越长、入畦流量越大，改水成数越小；反之，应适当增大改水成数。

（4）土壤墒情监测　土壤墒情监测是指导农田灌溉管理的基础，土壤墒情的好坏还直接关系到播种、施肥等一系列农业生产活动和措施实施时机的选择，对作物的生长、发育以及最终产量有着至关重要的影响。

①土壤墒情监测点的位置。为了保证监测结果的代表性，监测点应距离边行 3 行以上。

②土壤干容重和田间持水率测定。小麦播种前，按每 20

cm 一层，测定 0～100 cm 各土层土壤干容重和田间持水率。土壤干容重和田间持水率的测定可以每隔 3～5 年进行一次。

③生育期土壤含水率测定。生育期内的土壤水分监测可采用人工测定（取土烘干法）或者通过仪器连续自动监测。人工测定的时间间隔为生育前期每 10 d 测定一次土壤含水率，在小麦和玉米拔节后每 7 d 测定一次；测定深度分别按照表 1-8 和表 1-9 中的计划湿润层深度。每次测定完成后，计算计划湿润层深度内平均土壤相对含水率。

与取土烘干法相比，采用墒情监测仪器测定不需要采取土样，因而不用扰动土壤，可以定点、连续监测。使用各类仪器测定土壤含水率时，都要对仪器的适用性进行必要的校核。校核时要以取土烘干法为基准，其他方法在平行条件下同步测定。两种方法测定结果较为一致或具有很好的相关关系时，这些仪器才能独立使用。

2. 追肥

在玉米长至 9～12 片展开叶期，在距玉米茎基部 15 cm 左右开沟条施尿素 15～20 kg。尿素质量应符合 GB 2440—2001 的规定。灌浆期遭遇高温天气可进行叶面喷施 0.2％磷酸二氢钾水溶液。

3. 病虫草害防治

病虫草害以预防为主，宜采用农业、生物、物理和化学相结合的方法进行综合防治。农药使用应符合 NY/T 1276—2007 规定。除草剂使用应符合 NY/T 1997—2011 规定。

（1）冬小麦

①农业防治。选用抗性强的品种。品种定期轮换，保持品

种抗性，减轻病虫害的发生。

采用合理耕作制度。采取轮作换茬、健身栽培等农艺措施，减少有害生物的发生。

改变耕作条件。深耕土壤，精细整地，降低杂草防治基数，减少杂草出土量。

精选麦种。选取籽粒饱满的麦种，清除混入麦种内的杂草种子，防止新的恶性杂草扩展蔓延。

②生物防治。麦田中麦蚜的天敌种类较多，主要有瓢虫、食蚜蝇、草蛉、蜘蛛、蚜茧蜂，其中以瓢虫及蚜茧蜂最为重要。适当时可以利用及释放天敌控制有害生物的发生，如在小麦蚜虫发生期释放异色瓢虫等进行生物防控。

使用化学农药进行防治时，注意选择对天敌杀伤力小的低毒性化学农药，避开自然天敌对农药的敏感时期，创造适宜自然天敌繁殖的环境等措施，保护天敌。

③物理防治。采用黑光灯、震频式杀虫灯、色光板等物理装置诱杀鳞翅目、同翅目害虫。

④药剂防治。种子处理依据 GB/T 15671—2009 的规定，每 100 kg 种子用 30～60 g 戊唑醇悬浮种衣剂（60 g/L）拌种防治小麦纹枯病和全蚀病，用 600～800 g 吡虫啉悬浮种衣剂（600 g/L）拌种防治小麦蚜虫。

本方案推荐使用植物诱导抗性剂降低化学农药的使用量。在小麦播种前用 120 mL/kg 种子的剂量施用 8.3% 的吡虫啉·己唑醇·香菇多糖悬浮种衣剂或每 100 kg 种子 160 mL 的 16.3% 的吡虫啉·己唑醇悬浮种衣剂进行拌种包衣，然后播种。此配方可以有效防治越冬前的小麦根茎部病害如小麦纹枯病、小麦根腐病、小麦全蚀病等，也可兼治小麦散黑穗病等穗部病害以及小麦金针虫等地下害虫和小麦蚜虫等刺吸式口器害虫。

喷雾防治。依据 NY/T 59 的规定进行施药，传统防治技术采用 50％多菌灵可湿性粉剂 2 250 g/hm² 喷雾 2 次防治小麦白粉病、小麦赤霉病及小麦锈病等病害，25 g/L 高效氯氟氰菊酯乳油 36 g/hm² 防治小麦蚜虫，10％苯磺隆可湿性粉剂 270 g/hm² 于小麦出苗后及返青期各喷雾一次防治麦田杂草的发生。

本方案推荐根据黄淮流域小麦病虫害草害发生规律，建议在播种后 30 d 左右的小麦分蘖期选用 55％噻·噁·苯磺隆可湿性粉剂 270 g/hm² 喷雾防除麦田禾本科及阔叶杂草，第二年小麦返青期在阔叶杂草特别是抗性杂草播娘蒿、荠菜、麦家公等发生较多的麦田选用 22％氟吡·双唑酮可分散油悬浮剂 450 mL/hm² 茎叶喷雾处理，在禾本科杂草和阔叶杂草混合发生的麦田选用 7％双氟·炔草酯可分散油悬浮剂 750 mL/hm² 或 1％双氟·二磺可分散油悬浮剂 120 mL/hm² 茎叶喷雾处理。在小麦扬花期"一喷三防"，采用 45％戊唑·咪鲜胺水乳剂 450 g/hm² 喷雾 2 次＋5％啶虫脒乳油 420 g/hm² 综合防治小麦白粉病、小麦赤霉病、小麦蚜虫等春季主要小麦病虫害。

（2）夏玉米

①农业防治

选用抗性强的品种。品种定期轮换，保持品种抗性，减轻病虫害的发生。

采用合理耕作制度、适时播种、轮作换茬、健身栽培等农艺措施，减少有害生物的发生。

②生物防治。通过使用解淀粉芽孢杆菌、甲基营养型芽孢杆菌等生防菌发酵液拌种处理玉米种子，能够有效降低玉米茎基腐病等土传病害的病情指数和发病率，同时可以提高种子发芽率，促进根部以及植株生长。

适当时可以利用及释放天敌比如瓢虫、寄生蜂等控制有害生物的发生。使用化学农药进行防治时，注意选择对天敌杀伤力小的低毒性化学农药，避开自然天敌对农药的敏感时期，创造适宜自然天敌繁殖的环境等措施，保护天敌。

③物理防治。采用黑光灯、震频式杀虫灯、色光板、性诱剂释放器等物理装置诱杀鳞翅目、同翅目害虫。

④药剂防治。种子处理依据 GB/T 15671—2009 的规定，每 100 kg 种子用 9～12 g 戊唑醇湿拌种剂（2%）拌种防治玉米散黑穗病，用 2.5～5 g 咯菌腈悬浮种衣剂（25 g/L）拌种防治玉米茎基腐病，用 240～360 g 吡虫啉（600 g/L）拌种防治玉米蛴螬。

本方案推荐使用植物诱导抗性剂降低化学农药的使用量。在玉米播种前每 100 kg 种子用 8.3% 的吡虫啉·咯菌腈·香菇多糖悬浮种衣剂 6 g 进行拌种包衣，然后播种。此配方可以有效防治玉米茎基腐病、玉米丝黑穗病等，也可兼治地下害虫，有效控制蚜虫、灰飞虱、蓟马等害虫，同时防控苗期玉米病毒病害的发生。

化学防治。传统防治技术采用 50% 乙草胺乳油 1 800 mL/hm² 土壤封闭处理或 4% 烟嘧磺隆悬浮剂 1 125 g/hm² 3～5 叶期茎叶喷雾处理防治玉米田杂草的发生。

本方案推荐根据黄淮流域玉米病虫草害发生规律，建议在选用 28％烟嘧·莠去津可分散油悬浮剂 1 200 g/hm² 3～5 叶期茎叶喷雾防治玉米田杂草的发生。

玉米喇叭口期，采用 3％辛硫磷颗粒剂 3 750 g/hm² 掺细沙于喇叭口撒施防治玉米螟，可兼治蓟马、蚜虫、黏虫等。

生物农药防治。每公顷用 70～1 200 mL 枯草芽孢杆菌可分散油悬浮剂（200 亿芽孢/mL）喷雾可防治玉米大斑病等病害的发生。施用苏云金杆菌可湿性粉剂、白僵菌制剂或悬挂松毛虫赤眼蜂卡等生物农药可防治玉米螟的发生，并可兼治玉米田发生的其他鳞翅目害虫，替代化学农药进行虫害防治。

（四）适时收获

小麦籽粒成熟阶段分为蜡熟期、完熟期和枯熟期。蜡熟期为人工收割最佳时间，而完熟期为机械化收割脱粒最佳时间，此时籽粒含水量降至 14％左右，可以开始收获。

玉米用作青贮饲料，宜在果穗中部籽粒乳线位于 1/3～2/3 进行全株收割。机收果穗，宜在果穗苞叶干枯松散、中部籽粒乳线消失、基部黑层出现后收获。机收籽粒，宜在籽粒含水量≤25％时收获。机收技术应符合 GB/T 21962—2008 的要求。

二、注意事项

（一）要在适宜的土层范围内监测墒情

贮存在土壤中的水分，必须能被作物根系吸收利用才有效。由于不同生育时期，根系的下扎深度及吸收能力不同，致使作物不同生育时期对不同深度范围所贮存的土壤水分的吸收利用能力也不同。因此，在监测土壤墒情时要特别注意三点：一是生育前期要避免监测太深，因为深层的土壤水分因根系太浅还无法利用，监测太深会引起灌溉不及时，影响幼苗生长。二是生育后期要避免监测太浅，因为根系主要的吸收部位下移，可以利用深层的土壤贮水，而表层土壤经常处于巨大变化之中，监测太浅会引起灌溉过度，浪费水源。三是在生育中后期，沙土地可适当浅些，黏土地可适当深些。

（二）墒情判别时要注意土壤质地的差异

目前监测土壤墒情状况时，测定结果一般表示为质量含水率或体积含水率。而在墒情判别时使用的是土壤相对含水率（用占田间持水率的百分比表示）。由于不同土壤类型田间持水率具有很大的差异，同样的实测土壤含水量值，即使沙土或壤土上供水仍很充足，在黏土上已表现为严重干旱了。因此，进行墒情判别时应根据地块的实测田间持水率，将测定的土壤含水率转化为相对含水率。

参考文献

河南省质量技术监督局，2014. 夏玉米免耕覆盖机械化精播栽培技术规程：DB41/T 923—2014. 河南省地方标准公共服务平台 . http：//www. hndb41. com

中国国家标准化管理委员会，2007. 玉米收获机械技术条件：GB/T 21962—2008. 北京：中国标准出版社 .

中国国家标准化管理委员会，2008. 粮食作物种子第 1 部分：禾谷类：GB 4404.1—2008. 北京：中国标准出版社 .

中国国家标准化管理委员会，2009. 农作物薄膜包衣种子技术条件：GB/T 15671—2009. 北京：中国标准出版社 .

中华人民共和国工业和信息化部，2013. 农机产品型号编制规则：JB/T

8574—2013. 北京：机械工业出版社.

中华人民共和国国家质量监督检验检疫总局，2001. 尿素：GB 2440—2001. 北京：中国标准出版社.

中华人民共和国国家质量监督检验检疫总局，中国国家标准化管理委员会，2005. 农田灌溉水质标准：GB 5084—2005. 北京：中国标准出版社.

中华人民共和国国家质量监督检验检疫总局，中国国家标准化管理委员会，2009. 稻瘟病测报调查规范：GB/T 15790—2009. 北京：中国标准出版社.

中华人民共和国国家质量监督检验检疫总局，中国国家标准化管理委员会，2009. 水稻二化螟测报调查规范：GB/T 15792—2009. 北京：中国标准出版社.

中华人民共和国农业部，1987. 水稻二化螟防治标准：NY/T 59—1987. 北京：中国标准出版社.

中华人民共和国农业部，2002. 肥料合理使用准则 通则：NY/T 496—2002. 北京：中国标准出版社.

中华人民共和国农业部，2007. 农药安全使用规范总则：NY/T 1276—2007. 北京：中国标准出版社.

中华人民共和国农业部，2011. 除草剂安全使用技术规范通则：NY/T 1997—2011. 北京：中国标准出版社.

著写人员与单位

唐保军[1]，张寄阳[2]，韩燕来[3]，程道全[4]，何雄奎[5]，丁勇[1]，穆心愿[1]，谷利敏[1]，夏来坤[1]，张凤启[1]，张君[1]，马智艳[1]，赵霞[1]，齐建双[1]，赵锡成[6]，李春苗[7]，朱自宽[8]

[1]河南省农业科学院粮食作物研究所；[2]中国农业科学院农田灌溉研究所；[3]河南农业大学；[4]河南省土壤肥料站；[5]中国农业大学；[6]武陟县农业农村局；[7]郸城县农业科学院；[8]鹤壁市农业科学研究所

第三节 麦—玉肥料控释节水节肥节药综合技术方案

黄淮海小麦玉米两熟轮作区普遍存在过量施肥、大水漫灌和农业劳动力短缺等问题，不仅造成群体偏大、植株个体偏弱、抗逆（冻害、冷害、渍害、倒伏等）能力下降，水肥利用率低，产量降低，品质下降，优良品种的产量潜力和优良品质难以充分发挥，而且导致地下水硝酸盐污染、水体富营养化和温室气体排放、土壤次生灾害等问题，严重影响了农业生态环境和人类健康。保障当前和未来粮食安全的同时减少粮食生产带来的巨大环境影响成为农业可持续发展的必然要求，科学施肥和灌溉是保证高产高效及环境友好的重要措施之一。

本课题组研究的小麦—玉米垄作免耕技术实现了小麦、玉米的全程机械化，而且小麦、玉米周年水分和肥料利用效率较传统平作技术显著提高，降低生产成本的同时，小麦、玉米个体健壮、群体合理，病害与倒伏发生率显著降低，小麦、玉米产量双增。近年来基于控释肥的一次性施肥技术不仅能满足作物整个生育期的养分需求，而且能简化操作、减少环境污染，具有重要的环境效益和经济效益，既实现了作物稳产高产、氮肥高效和氮损失减少，又节省了农业劳动力，降低了农业生产成本。在上述研究基础上，课题组依据小麦、玉米各个生育阶段的水分和养分需求特点，结合地区生态气候和土壤条件，统筹安排小麦玉米轮作区两季作物周年水分与养分分配，以新型高效缓控释肥为肥料载体，在小麦玉米垄作免耕技术的基础上提出了基于控释肥的冬小麦—夏玉米节水节肥综合技术方案，在周年氮肥适当减量的情况下实现了小麦增产，达到了节水、省肥、省种、省工、高产的统一。

试验研究及多年的生产实践表明，该技术方案能显著提高植株的抗逆性和水肥利用效率，具有较显著的节本增产增收特点：通常比传统生产技术增产 5％～10％，节水 30％～50％，节肥 15％～25％。该技术 2015 年开始在德州、东营、济宁、枣庄、菏泽、泰安、临沂、滨州、济南等地市推广应用，累计示范推广 70 多万 hm²，小麦平均产量 7 597.8 kg/hm²，玉米平均产量 9 337.1 kg/hm²，肥料和水分利用率分别提高 15％以上和 25％以上，受到广大种植户好评，近年来，该技术应用面积逐年扩大。

该技术适宜在黄淮小麦玉米两熟地区的中高产田推广，其他自然条件相近的地区也可参考使用。在土壤肥力较高的高产地块应用，更能发挥其节本增产的优势。

一、技术要点

（一）肥料品种选择

氮肥选用小麦专用缓释氮肥、腐植酸尿素，如果配施速效氮肥可选择颗粒硫酸铵或颗粒普通尿素，直径 2～4 mm。磷肥可选用磷酸一铵或二铵、过磷酸钙或重过磷酸钙等。钾肥可选用氯化钾或硫酸钾。也可选用磷钾复合肥，肥料均为规则或不规则颗粒状，直径 2～4 mm，利用农业机械施肥。缓释氮肥为包膜型缓释氮肥，质量应符合 GB/T 23348—2009 缓释氮肥的要求。即氮素初期释放率≤15%，氮素释放期≥60 d，氮素释放期的累积释放率≥80%。使用热塑性树脂包膜缓释氮肥，若产品氮素释放期≥4个月，需配合一定比例的速效氮肥施用。冬小麦专用生物可降解型包膜缓释氮肥，可单独施用，适用于中高产田；也可配合10%～20%的腐植酸尿素，提高肥料生物活性，适用于中低产田。

玉米缓控释肥选择：包膜控释肥应符合上述缓控释肥的要求，主要选择水基树脂包膜氮肥、聚氨酯包膜氮肥、环氧树脂包膜氮肥（3种氮素释放期≥60 d），腐植酸尿素及复合抑制剂型缓释肥。磷或钾同于小麦，物理性状同上。

（二）确定施肥量

周年施肥量。高产田：每公顷施纯氮（N）480～600 kg，磷（P_2O_5）255～315 kg，钾（K_2O）240～330 kg，硫酸锌30～60 kg，优质有机肥30 t；中产田：公顷施纯氮（N）420～480 kg，磷（P_2O_5）195～255 kg，钾（K_2O）150～240 kg，硫酸锌30～45 kg，增施优质有机肥15 t。小麦玉米两季统筹安排。

1. 小麦季

目标产量≥9 000 kg/hm² 的高肥力土壤上，推荐施用缓释氮肥（N）240～300 kg/hm²，磷肥（P_2O_5）150～180 kg/hm²，钾肥（K_2O）90～120 kg/hm²，另外按每公顷15～30 kg 的硫酸锌进行掺入。目标产量7 500～9 000 kg/hm² 的中等肥力土壤上，推荐施用缓释氮肥（N）210～240 kg/hm²，磷肥（P_2O_5）120～150 kg/hm²，钾肥（K_2O）60～90 kg/hm²，另外按每公顷15～30 kg 的硫酸锌进行掺入。

2. 玉米季

目标产量≥10 500 kg/hm^2 的高肥力土壤上，推荐施用缓释氮肥（N）240～300 kg/hm^2，磷肥（P$_2$O$_5$）105～135 kg/hm^2，钾肥（K$_2$O）150～210 kg/hm^2，另外按每公顷 15～30 kg 的硫酸锌进行掺入。目标产量 7 500～10 500 kg/hm^2 的中等肥力土壤上，推荐施用缓释氮肥（N）210～240 kg/hm^2，磷肥（P$_2$O$_5$）75～105 kg/hm^2，钾肥（K$_2$O）90～150 kg/hm^2，另外按每公顷 15～30 kg 的硫酸锌进行掺入。

（三）精细整地，合理确定垄幅

精细整地要求土地平整，无明暗坷垃，做到"深、透、细、平、实"。播前要有适宜的土壤墒情，墒情不足时应先造墒再起垄。如农时紧，也可播种以后再顺垄沟浇水。起垄前深松土壤 20～30 cm，耙平除去土坷垃及杂草后再起垄，以免播种时堵塞播种耧影响播种质量。

对于中等肥力的地块，垄宽以基部 70～80 cm 为宜，垄高 15～17 cm，垄上种 3 行小麦，小麦的小行距为 15 cm，大行距为 50 cm；而对于高肥力地块，垄幅可缩小至垄基部宽度 60～70 cm，垄上种 2 行小麦。

（四）适期精量播种，提高播种质量

适期播种是小麦获得高产的基础。我省冬小麦的适宜播种范围以冬前≥0℃积温 500～600℃，即日平均气温 12～18℃时播种为宜。胶东及鲁北地区冬季负积温多，春季气温回升慢，适播期为 10 月 1～10 日，鲁西南和鲁南地区秋季降温迟，春季气温回升快，为避免早期旺长，可适当晚播，以 10 月 10～15 日为宜。鲁中地区多为丘陵山地，地形复杂，可根据不同地区气候条件确定适宜的播期。适期后播种，每晚播一天，每公顷需增加播量 3.75～7.5 kg。为达到降低播量且苗全、苗匀、苗壮、苗齐的目的，尽量要做到先造墒再播种，确保一播全苗。

播种量的高低是确定基本苗和建立合理群体结构的基础。播量的确定"以地定产，以产定穗，以穗定苗"，在做好种子发芽试验的基础上，确定适宜的播量，基本苗以每公顷 150 万～180 万为宜，一般不可超过 225 万。应尽量做到用精播机播种，播深严格掌握在 3～4 cm。

（五）选用配套垄作机械，提高播种质量

用小麦专用起垄播种一体化机械，选用确定好的缓控释肥类型，并根据地力条件计算出肥料用量和种子用量，起垄播种施肥一次完成，可提高起垄质量和播种质量，尤其是能充分利用起垄时的良好土壤墒情，利于小麦出苗，为苗全、齐、匀、壮打下良好的基础。将小麦整个生育期所需的养分，在播种同时利用播种深施肥机一次性施入（进行侧深施，横向距离种子 4～6 cm，纵向距离种子 3～5 cm 处）。

（六）小麦季田间管理与收获

1. 科学灌溉

沿垄沟小水渗灌，切忌大水漫灌。待水慢慢浸润至垄顶后停止浇水，这样可防止小麦根际土壤板结。浇过冬水的麦田可以结合实际情况将拔节水适当推迟。开花后不再浇水。

2. 及时防治病虫草害

以预防为主，生物防治和综合防治为辅。

3. 适时收获，秸秆还田

蜡熟期使用联合收割机收割。粉碎的作物秸秆大多积累在垄沟底部，不会影响下季作物播种和出苗。尽量做到秸秆还田，以提高土壤有机质含量，从而达到培肥地力，实现可持续发展的目的。

（七）玉米播种

小麦收获后，及时抢茬播种。6 月 5～15 日为黄淮海地区最佳播种时间。选用高产、抗性强、株型较紧凑、耐密植品种。一般种植密度为每公顷 6 万～7.5 万株，可根据品种耐密特性酌情增减。选择玉米免耕播种施肥联合作业机具，在垄上播种，实现开沟、播种、施肥、覆土和镇压等联合作业。对于之前垄上种植 3 行小麦的中产田，垄上种植 2 行玉米，可采用双行错株播种，保证玉米的密度和整齐度。垄上种植 2 行小麦的高产田，垄上种植 1 行玉米。单粒机型播种，播深 3～5 cm。做到深浅一致、行距一致、覆土一致、镇压一致，防止漏播、重播或镇压轮打滑。选用玉米专用缓控释肥，作为种肥一次性集中施入。种肥同播，注意种肥分离，防止烧苗。

（八）玉米季田间管理与收获

1. 病虫草害防治

推荐在玉米出苗前使用除草剂，封闭除草。一般通过种衣剂包衣或拌种可以防治玉米生育前期病害和地下害虫。其他病虫草害防治技术同现有技术。

2. 灌溉与排水

夏玉米生长期降雨与生长需水同步，生长期间一般不浇水。除遇特殊旱情（田间持水率≤55％时）需要浇水时，浇水沿垄沟进行。及时排水防涝。玉米生长期如因降水过大导致垄沟积水漫过垄顶时，应及时排涝，防治渍害。

3. 收获

使用玉米联合收割机适期收获，秸秆还田；提倡晚收，成熟标志为籽粒乳线基本消失、基部黑层出现；收获后及时秸秆粉碎还田。

二、注意事项

1. 小麦、玉米收获时需进行秸秆粉碎还田。

2. 技术对播种机的要求较高，播种前要进行播种量、播种深度、施肥量、施肥深度调试，以提高播种质量。

著写人员与单位

冯波[1]，谭德水[2]，李宗新[3]，张宾[1]

[1] 山东省农业科学院作物研究所；[2] 山东省农业科学院农业资源与环境研究所；[3] 山东省农业科学院玉米研究所

第四节　麦—玉有机替代节水节肥节药综合技术方案

冬小麦—夏玉米有机替代节水节肥节药综合技术方案包括播前准备、播种、耕作栽培管理、肥料农药用水管理、适时收获等关键技术，适用于黄淮海地区高肥力土壤冬小麦—夏玉米周年生产。

在黄淮南部小麦玉米轮作区定位试验和大面积应用均表明，无论采用有机肥＋配方肥或是秸秆还田＋配方肥的有机肥替减化肥模式，土壤团聚体结构均明显改善，土壤有机质含量有一定的提升，土壤的保水性、通气性和土壤 pH 明显得到改良。同时可减少小麦季化学氮肥用量 30％ 左右，并使产量有所提高或无显著降低。

（一）播前准备

1. 麦田应精细整地

达到地面平整，耕层深厚，上虚下实，土壤细碎无坷垃。如需进行秸秆还田，前茬玉米收获后应采用秸秆还田机及早粉碎还田，均匀覆盖地表，如不还田，应及早将秸秆清理出田间。耕作方式：小麦是每隔 2～3 年深松耕一次（耕作深度 25 cm 左右），其他年份采用旋耕，耕后机耙（15 cm 以上 2 遍），除净根茬，耙后采用镇压器镇压，粉碎坷垃，地表平整。土传病害发生严重的田块，合理采用药剂土壤处理。玉米秸秆粉碎还田应符合 DB41/T 1251—2016 的要求，玉米田土壤深松应符合 DB41/T 889—2003 的要求。

2. 夏玉米宜免耕整地

种植前应及时清除田间地头的作物秸秆病残体和杂草。结合耕作管理，进行人工抹卵、捡拾和捕捉害虫，集中消灭。收割机转场时，要将机具上粘附的秸秆病残体和泥土清理干净。具体要求应符合 DB41/T 923—2014 的规定。

（二）播种

1. 播期播量

冬小麦宜在 10 月 5～30 日播种；夏玉米宜在 6 月 1～20 日播种。播量应依据品种的最佳种植密度、播种时间等因素确定。

2. 土壤水分要求

应足墒播种。墒情不足时，应造墒播种或播后灌溉。灌溉水质应符合 GB 5084—2005 的规定。

3. 播种方式

冬小麦采用精播耧或播种机播种，确保下种均匀，深浅一致，播种深度 3～5 cm；采用宽幅播种，播种带宽 8 cm，行距 12 cm，或采用窄行匀播，行距 15～18 cm，播后镇压。

夏玉米宜采用免耕播种、种肥一体化单粒播种。等行距种植，行距 60～65 cm；或宽窄行种植，宽行距 70～80 cm，窄行距 40～50 cm。播种深度 3～5 cm。

4. 种植密度

根据品种特性、气候条件和土壤肥力状况确定适宜的种植密度。

（三）品种选择

选用适宜所在区域种植的具有节肥、节水、节药潜力的高产抗性冬小麦、夏玉米品种。尤其注意根据当地病虫害发生特点，选用经植物检疫合格的小麦和玉米抗病虫品种，严禁从疫区调运种子。小麦种子质量应符合 GB 4404.1—2008 和 NY/T 967—2006 的规定；玉米种子适合单粒播种，种子质量应符合 NY/T 1197—2006 和 DB 41/T 923—2014 的规定。

1. 综合抗性较高的高产小麦品种

（1）抗病高产综合性状优良小麦品种 漯麦 18、郑麦 9023、郑麦 366、豫农 416、许科 316、矮抗 58、新麦 19、周麦 22、郑麦 7698、豫麦 49-198、新麦 26、存麦 11、百农 418、泰禾 882，或符合 NY/T 1301—2007 规定的，对条锈病、叶锈病、白粉病、纹枯病和赤霉病等抗病性较强的冬小麦品种。

（2）**抗寒性高产综合性状优良小麦品种** 许科 316、矮抗 58、新麦 19、周麦 22、郑麦 7698、豫麦 49-198、存麦 11、百农 418、周麦 28、平安 8 号、周麦 27，或符合 NY/T 1301—2007 规定的、抗寒性较强的冬小麦品种。

2. 氮高效冬小麦品种

（1）**低氮高产小麦品种** 低氮水平下，产量较好的品种有百农 418、豫农 416、百农 207、百农 4199、矮抗 58、豫农 202，均属于高效品种。

（2）**高氮高产小麦品种** 高氮水平下，产量较好的品种有百农 418、豫农 416、豫农 804、平安 8 号、周麦 28、百农 4199、矮抗 58、新麦 26、衡观 35、豫麦 49-198、周麦 26 等。

3. 水分高效及抗旱冬小麦品种

（1）**抗旱性品种** 干旱条件下具有较好的抗旱性与稳产性的品种有衡观 35、豫麦 49-198、平安 8 号、周麦 18、矮抗 58 等。

（2）**水分利用效率高的品种** 农田作物蒸散消耗单位质量水所制造的干物质量较大的品种有平安 8 号、周麦 18、郑麦 7698、矮抗 58、衡观 35、郑麦 9023、新麦 26、豫麦 49-198 等。

（四）种子处理

播种前，应对种子进行处理，以杀灭种子携带的病菌和害虫。阳光晒种，应选择晴天进行，晒种 1~2 d；使用种衣剂包衣或药剂（肥料）拌种或浸种，要尽量选择高效低毒药剂品种。包衣技术应符合 GB/T 15671—2009 的规定，拌种技术标准应符合 NY/T 1276—2007 的规定。

（五）施肥

1. 有机肥与化肥用量的确定

冬小麦、夏玉米当季养分推荐总量采用各地测土配方施肥推荐用量进行。有机肥的用量根据各茬口的有机肥替减氮肥的比例，并根据所采用有机肥资源的特性进行折算。化肥用量是根据测土配方施肥推荐氮素养分量减去有机肥所能提供的氮肥量进行计算。

2. 有机肥料运筹与施用模式

（1）有机肥＋配方肥模式

①选用适宜的有机肥和化学肥料种类。有机肥可以是牛粪、羊粪、猪粪、秸秆等原料经过充分腐熟所制成的农家肥，或符合 NY 525—2012 规定的商品有机肥料或符合 NY 884—2012 规定的生物有机肥。化学肥料为符合各地测土配方施肥推荐的肥料品种或扣除有机肥提供氮磷钾养分后所生产的配方肥。如化学肥料采用水肥一体化方式施用时，肥料最好为水溶肥，也可以是含杂质较少、溶解度较高、符合不同层次水肥一体化技术要求的复合肥料或配方肥料。

②进行有机肥施用前的处理。有机肥和化学肥料可单独施用，也可简单掺混后或加工成有机无机复合肥进行施用。有机肥单独施用时，应保持施用时肥料结构松散，肥块大小 70％以上不超过 5 mm。作简单掺混后再施用时，有机肥料应进行风干和粉碎处理，水分不超过 13％，肥块大小不超过 4 mm；同时不宜久放，以防结块。加工成有机-无机复合肥施用时，有机肥还应符合 GB 18877—2009 对肥料种类的要求，同时有

机肥料含水量不超过 10%，肥块大小不超过 1 mm。

③确定有机肥与化肥用量。有机肥提供氮最低占当季作物氮肥推荐量的 10%，有机肥替减化肥的最高比例为商品有机肥或生物有机肥料不超过当季作物氮肥推荐量的 15%，自制有机肥不超过当季作物氮肥推荐量的 30%。化学肥料的施用量应根据当季养分推荐总量扣除有机肥可提供的氮素养分量后折算。化肥采用水肥一体化技术施用时，化学肥料的养分用量可进一步减少 10%～15%。

④肥料的施用方式与方法。轮作周期中，有机肥替减化肥以冬小麦季为主进行。小麦季全部有机肥与化肥基施部分在播种前撒施，随耕作翻入土壤中；化学氮肥做基肥的比例中低产田不低于全生育期总量的 70%，高产田不低于 60%；其他肥料的施用方式与方法根据一般田块化肥施用方法进行。

（2）秸秆还田＋配方肥模式

①秸秆还田方式。小麦收获后，秸秆粉碎覆盖还田，长度应小于 5 cm，最长不超过 10 cm，留茬高度尽可能低。玉米收获后，尽早粉碎还田，秸秆破碎率大于 90%，长度应小于 5 cm，最长不超过 10 cm，根茬清除率大于 99%。粉碎秸秆的抛洒宽度以收割幅度宽度为宜，为加快秸秆的分解，每公顷随秸秆还田施入腐熟好的有机肥或生物菌肥 1 500 kg 左右，随后连同化肥一并深翻入土，翻入土壤后，秸秆被土覆盖率大于 75%。

②化肥用量与施用方式。小麦季秸秆还田时化肥氮施用总量根据测土配方施肥的推荐用量和玉米秸秆还田提供的氮素总量相应减少，同时化学氮肥做基肥的比例中低产田不低于全生

育期总量的 70%，高产田不低于 60%，小麦季节其他肥料的施用根据一般田块化学肥料的施用方法进行；玉米季化肥用量与各生育期运筹采用测土配方施肥推荐的用量与方法进行。化肥采用水肥一体化技术施用时，养分用量可进一步减少10%～15%。

(3) 追肥 在小麦冬前和春季管理期，可根据苗情及时进行追肥；在小麦生长中后期可采用 1% 尿素＋0.2% 磷酸二氢钾＋0.05% 的钼酸铵进行喷施。玉米追肥可在 9～12 片展开叶期进行，在距玉米茎基部 15 cm 左右开沟条施或株间穴施尿素。尿素质量应符合 GB 2440—2001 的规定。灌浆期遭遇高温天气可进行叶面喷施 0.2% 磷酸二氢钾水溶液。

(4) 注意事项

①有机肥替减化肥时，小麦玉米病虫害的发生规律与单独施用化学肥料时有所不同，因此应注意新模式下的病虫害发生规律监测，及时有效地防治病虫害。

②有机肥替减化肥时，必须采用符合质量要求的有机肥料，注意避免生粪下地。

③秸秆还田＋配方肥模式下，注意幼苗生长状况观察，避免碳氮比失调；秸秆粉碎必须符合规定的技术要求，避免秸秆过长和破碎率不高；注意避免秸秆还田深度过浅，以减少幼苗根系蓬架和冬季跑风漏风。

(六) 水分管理

1. 基本要求

苗期可适当控水蹲苗，促根下扎。拔节后遇干旱、低温（小麦季）或高温（玉米季）天气应及时灌水，灌溉用水应符合 GB 5084—2005 要求。如遇渍涝应及时排水。

2. 管理技术

小麦玉米生育期采用测墒补灌方法进行水分管理，当冬小麦不同生育期土壤计划湿润层内的平均相对含水率降低至小麦正常生长发育所允许的土壤水分下限时，即需进行补水灌溉，具体见表1-10 和表1-11。

表 1-10　冬小麦不同生育期土壤水分下限和计划湿润层深度

生育期	播种	苗期	越冬	返青	拔节	抽穗	灌浆
土壤水分下限（占田间持水率比例，%）	70～75	60～70	55～60	60～65	60～65	65～70	55～60
计划湿润层深度（cm）	20	40	40	40	60	80	80

表 1-11　夏玉米不同生育期土壤水分下限和计划湿润层深度

生育期	播种	苗期	拔节	抽雄	灌浆
土壤水分下限（占田间持水率比例，%）	70～75	60～65	65～70	70～75	60～65
计划湿润层深度（cm）	20	40	60	80	80

补灌量计算方法为：

总补灌量（mm）＝Σ各层所需补灌量＝Σ（目标含水量－基础含水量）（％）×土层厚度（cm）×土壤容重（g/cm³）/10

3. 灌水方式

可采用地面节水灌溉、微喷灌技术进行，不同灌溉方式应与田间畦田规格和灌水定额相结合。

4. 土壤墒情监测

根据农田土壤墒情监测技术规范 NY/T 1782—2009 进行。

（七）病虫草害综合防控

1. 基本原则

坚持"预防为主、综合防治"，实现小麦玉米生产安全、质量安全和生态环境安全。生产的小麦玉米产品质量应符合GB/T 2761—2017、GB/T 2763—2016 要求，农药使用应符合NY/T 1276—2007 规定，除草剂使用应符合 NY/T 1997—2011 规定。

2. 综合防治技术

除采用抗病虫害作物品种，进行种子处理、土壤处理和田园清洁处理外，注重以下技术使用。

（1）**轮作、间作**　在丝黑穗病、线虫病、茎基腐病等土传病虫害严重发生区，实行玉米与非寄主作物轮作，一般2～3年轮作一次，玉米不同品种间作（品种间作应符合 DB41/T 1398—2017 的要求）或者玉米与不同作物间作套种。在地头沟渠旁，种植蓖麻、除虫菊等植物，毒杀取食的金龟子。

（2）**理化诱控**　杀虫灯诱杀：科学使用杀虫灯在小麦季诱杀金龟子、蝼蛄等地下害虫成虫，降低虫口数量；在玉米季对地下害虫成虫、鳞翅目害虫进行诱杀。

色板诱杀：小麦拔节后在田间安插黄板进行蚜虫防治，玉米季在蚜虫、蓟马、灰飞虱发生重的田块，增加色板诱杀。

信息素诱捕：在玉米螟、棉铃虫、甜菜夜蛾、斜纹夜蛾等害虫成虫羽化初期，根据田间优势种群情况，采用性信息素诱芯诱捕雄成虫。采用食诱剂、毒饵等防治黏虫、地老虎、棉铃虫、甜菜夜蛾、斜纹夜蛾、金龟子等害虫。

（3）**生物防治**　通过释放天敌、放置赤眼蜂卡进行生物防治。

（4）**化学防治** 禁止使用剧毒、高毒、残留期较长的农药；优先选用微生物源和植物源农药；科学使用高效、低毒、低残留的化学农药；注重轮换用药，减少抗药性；注重一喷多防，加强生态友好型助剂施用，提高农药使用的精准度，有效降低化学农药使用次数和用药量，提高化学农药的利用效率。农药使用按照 GB/T 8321（1-9）、NY/T 1276—2007 的规定执行。

（八）作物抗逆性调节

注重选用芸薹素内酯等植物生长调节剂或氨基酸、壳聚糖、黄腐酸等生物刺激素，增强小麦植株抗逆性；植物生长调节剂或生物刺激素使用最好与农药使用相结合。

（九）农机具

根据冬小麦—夏玉米常年轮作系统大田整地、播种、管理和收获作业机械要求，选择安全可靠、高效作业的现代农机具。农机具应符合 JB/T 8574—2013 的规定。

（十）适时收获

小麦籽粒成熟阶段分为蜡熟期、完熟期和枯熟期。蜡熟期为人工收割最佳时间，而完熟期为机械化收割脱粒最佳时间，此时籽粒含水量降至 14% 左右，可以开始收获。

玉米用作青贮饲料，宜在果穗中部籽粒乳线位于 1/3～2/3 进行全株收割。机收果穗，宜在果穗苞叶干枯松散、中部籽粒乳线消失、基部黑层出现后收获。机收籽粒，宜在籽粒含水量≤25% 时收获。机收技术应符合 GB/T 21962—2008 的要求。

参考文献

河南省质量技术监督局，2016. 玉米秸秆粉碎还田技术规程：DB41/T 1251—2016. 河南省地方标准公共服务平台. http：// www. hndb41. com/

河南省质量技术监督局，2003. 夏玉米田土壤深松技术规范：DB 41/T 889－2003. 河南省地方标准公共服务平台. http：// www. hndb41. com/

河南省质量技术监督局，2014. 夏玉米免耕覆盖机械化精播栽培技术规程：DB 41/T 923—2014. 河南省地方标准公共服务平台 .http：// www. hndb41. com/.

中华人民共和国国家质量监督检验检疫总局，中国国家标准化管理委员会，2005. 农田灌溉水质标准：GB 5084—2005. 北京：中国标准出版社 .

中华人民共和国国家质量监督检验检疫总局，中国国家标准化管理委员会，2008. 粮食作物种子第 1 部分：禾谷类：GB 4404.1—2008. 北京：中国标准出版社 .

中华人民共和国农业部，2006. 农作物品种审定规范：小麦 NY/T 967—2006. 北京：中国农业出版社 .

中华人民共和国农业部，2006. 农作物品种审定规范：玉米 NY/T 1197—2006. 北京：中国农业出版社 .

中华人民共和国农业部，2007. 农作物品种区域试验技术规程：小麦 NY/T 1301—2007. 北京：中国农业出版社 .

中华人民共和国国家质量监督检验检疫总局，中国国家标准化管理委员会，2009. 农作物薄膜包衣种子技术条件：GB/T 15671—2009. 北京：中国标准出版社 .

中华人民共和国农业部，2007. 农药安全使用规范：总则：NY/T 1276—2007. 北京：中国农业出版社 .

中华人民共和国农业部，2012. 有机肥料：NY 525—2012. 北京：中国农业出版社 .

中华人民共和国农业部，2012. 生物有机肥：NY 884—2012. 北京：中国农业出版社 .

中华人民共和国国家质量监督检验检疫总局，中国国家标准化管理委员会，2009. 有机-无机复混肥料：GB 18877—2009. 北京：中国标准出版社 .

中华人民共和国国家质量监督检验检疫总局，2001. 尿素：GB 2440—2001. 北京：中国标准出版社 .

中华人民共和国农业部，2009. 农田土壤墒情监测技术规范：NY/T 1782—2009. 北京：中国农业出版社.

中华人民共和国国家卫生和计划生育委员会，中华人民共和国国家食品药品监督管理总局，2017. 食品中真菌毒素限量：GB/T 2761—2017. 北京：中国标准出版社.

中华人民共和国国家卫生和计划生育委员会，中华人民共和国农业部，中华人民共和国国家食品药品监督管理总局，2016. 食品中农药最大残留限量：GB/T 2763—2016. 北京：中国标准出版社.

中华人民共和国农业部，2011. 除草剂安全使用技术规范：通则：NY/T 1997—2011. 北京：中国农业出版社.

国家质量技术监督局，2000—2009. 农药合理使用准则（1-9）：GB/T 8321（1-9）. 北京：中国标准出版社.

河南省质量技术监督局，2017. 不同玉米品种间（混）作种植技术规范：DB41/T 1398—2017. 河南省地方标准公共服务平台.http：//www.hndb41.com/.

中华人民共和国国家质量监督检验检疫总局，中国国家标准化管理委员会，2008. 玉米收获机械：GB/T 21962—2008. 北京：中国标准出版社.

著写人员与单位

韩燕来[1]，唐保军[2]，张寄阳[3]，李青松[1]，李慧[1]，王祎[1]，李培培[1]，姜瑛[1]，李芳[1]，汪强[1]

[1]河南农业大学；[2]河南省农业科学院粮食作物研究所；[3]中国农业科学院农田灌溉研究所

第二章 麦—稻周年节水节肥节药综合技术方案

第一节　冬小麦—旱稻节水节肥节药综合技术方案

安徽稻茬麦占全国稻茬麦的1/4左右，是我国第二大稻茬小麦产区，主要分布于沿淮、江淮之间、沿江及皖西大别山与皖南山区四个跨度较大的农作区，分布广。安徽稻茬麦区水资源丰富，具备持续发展小麦的得天独厚的水资源优势。稻茬麦区温热资源丰富，有利于小麦安全越冬和产量提高。安徽省稻茬小麦生产存在的问题主要表现在：①茬口衔接不当，水温（光）资源利用不充分。②病害、灾害发生频繁。发生较重的灾害主要有：赤霉病、纹枯病、渍害、穗发芽，倒伏、干旱、春霜冻等。③种植管理粗放。稻茬麦的适耕期短，整地质量差，以撒播为主，播量偏大，群体大，易倒伏。④基本农田改造和建设滞后，排水不畅，渍害严重。由于安徽省沿淮、沿江及江南稻茬麦区降雨偏多，阴雨寡照时数较长，光照资源相对不足。地形地势比较复杂，不利于规模化生产和机械作业。土壤类型与肥力水平多样，土质黏重，宜耕期短，不易精耕细作，特别是秸秆还田下耕整地质量更难以保证。加上气候多变、逆境频发、渍涝和病虫害发生压力较大，以及阴雨带来的小麦收获及收获后的仓储、晾晒困难等对安徽省发展稻茬小麦带来一定影响。

旱稻又称陆稻、耐旱水稻，是在"高地、雨养"条件下驯化而来的一种适应旱作生境的栽培稻生态型，较水稻生态型而言具有较高的耐旱性和适应性广等特点。它既可像水稻一样在灌溉稻田栽培，又可像小麦一样在旱地种植，实现旱种旱管，稳产增收。旱稻栽培可节省一半以上的灌溉水，减少化肥和农药施用，降低面源污染。旱稻在产量、品质方面稍逊于水稻，但在旱湿交替的条件下，表现出较好的适应性和经济性状。在江淮地区推广冬小麦—旱稻周年节水节肥节药综合技术可解决江淮稻麦种植区的诸多问题。

本技术方案规定了江淮地区冬小麦—旱稻周年轻简高效栽培技术中的生产目标、品种选用、种子质量、田块选择、前茬收获、播种、肥水管理、病虫草害防治和收获等，适用于安徽江淮地区应用，也可供沿淮流域其他产区参考。

（一）生产目标

1. 旱稻

每公顷有效穗 270 万～300 万，每穗实粒数 140 粒左右，千粒重 26 g 左右，理论公顷产 9 750 kg。比当地习惯生产灌溉水分利用效率提高 15%～20%，肥料利用效率提高 10%～15%，农药使用量减少 10%～15%。

2. 冬小麦

每公顷产 4 500～6 000 kg，公顷穗数 450 万～525 万，每穗 32～35 粒，千粒重 38～42 g。

（二）品种选用

1. 旱稻

选用经过安徽省或国家农作物品种审定委员会审定的全生

育期 135 d 左右、分蘖力强、大穗型或穗粒并重、抗倒伏的优质高产耐旱水稻品种。稻米品质按 GB/T 17891 执行。

2. 冬小麦

根据腾茬早晚，早茬选用抗寒性好、抗赤霉病、抗穗发芽能力较强的中强筋半冬性或弱春性冬小麦品种；晚茬选用抗赤霉病、抗穗发芽能力较强的弱筋春性品种。选用的品种应已通过安徽省农作物品种审定委员会或全国农作物品种审定委员会审定，适宜本地区种植。如宁麦 13、镇麦 168、轮选22、皖麦 606、扬麦 15（弱筋）、皖西麦 0638（弱筋）、乐麦608 等。

（三）种子质量

旱稻和冬小麦种子质量应符合 GB 4404.1 规定指标。种子纯度≥99.0%，净度≥98.0%，发芽率≥85%，水分≤13.0%。

（四）田块选择

麦套稻要注重田块选择，选用地势平坦，耕作层深厚，三沟配套，排灌方便，杂草少，底脚利落的麦田。要求田内"三沟"（畦沟、腰沟、田边沟）深度分别达到 20、25 和 35 cm 左右；田外大沟深 60～80 cm，"三沟"配套，沟沟相通，主沟通河，达到雨停田干，减轻渍涝危害。

旱茬地：深耕细耙，耕耙配套，提高整地质量，采用机耕，耕深 20 cm 以上，不漏耕，耕透耙透，无明暗坷垃，达到上松下实，耕后复平，保证浇水均匀，不冲不淤。

（五）前茬收获

小麦机械化收割留茬高度 30 cm 左右，麦秸秆就地均匀撒开，施于田表土或将部分秸秆埋入沟底还田，增加土壤有机质，改善稻米质量。

提倡进行水稻秸秆粉碎还田。对秸秆还田或灭茬的田块，应选择适宜的秸秆粉碎还田机进行秸秆还田或灭茬作业，作业前注意增施氮肥促进秸秆的腐烂。浅旋耕条播联合作业，用浅旋耕条播机在前茬地上一次完成旋耕灭茬、碎土、播种、盖籽、镇压等多道工序作业，旋耕深度为 3～5 cm。长期旋耕的田块应间隔 2～3 年进行一次深耕（松），深耕（松）深度以不打破犁底层为宜。三漏田不宜进行深松。

（六）播种

1. 种子处理

旱稻：选、晒种后用 5.5％浸丰 4 000 倍液或 25％使百克 1 500 倍液浸种 36 h，防水稻小穗头和秧苗期病害，直接催芽达到 50％稻种露白时，拌河泥，再用干细土揉成颗粒，做好播前种子处理。

冬小麦：播前进行种子包衣或药剂拌种。提倡使用包衣种子，包衣标准按 GB 15671 规定执行。未经包衣的种子可采用药剂拌种方法处理。药剂拌种防治地下害虫，预防早期小麦纹枯病、白粉病等病害，兼治早春麦蜘蛛、麦蚜虫。播前用 50％辛硫磷乳油 50 mL＋15％粉锈宁 75 g＋水 3 kg 搅匀，拌麦种 50 kg，边喷边拌，拌后稍等晾干后播种。可预防地下害虫和小麦纹枯病、锈病及白粉病。

2. 播种量与播种时间

旱稻：每公顷用种量 75～90 kg，基本苗播量控制在 150 万～180 万。根据麦套稻群体穗数增加、每穗粒数减少、结实率降低的生育特性，要严格控制播种量，抓好立苗全苗关。人工播种的称斤定畦，均匀撒播。地头边幅相应增加10%。播后及时用绳拉麦株，使稻种全部落地。水稻套播应在5月15～20日。保持稻麦共生期10～15 d。共生期不宜过长或过短。

冬小麦：江淮之间半冬性品种的适宜播期为10月中旬，每公顷播种量为135～150 kg；春性品种于10月下旬至11月上旬播种，每公顷播种量为150～165 kg。播期推迟，播种量适当增加，最佳播种期每推迟3 d，每公顷播种量增加7.5 kg。机械条播：用稻麦条播机进行精量播种，行距20 cm左右，播种深度3～5 cm。播种均匀、深浅一致，无"四籽"（丛籽、露籽、深籽和缺籽）现象，覆土均匀。如遇秋旱，应浇水造墒播种，以确保苗齐苗匀。人工撒播：水稻收获后趁墒播种，墒情不足的，灌跑马水造墒。浅旋耕整地，种子与三元复合肥混合均匀后撒播。土壤墒情适宜时开沟做畦，畦面宽度因开沟而异，一般畦面应窄一些，以便有较多的土撒于畦面，沟土与土杂肥应能盖住种子，覆土厚度以3 cm为宜。

（七）田间管理

1. 旱稻

（1）肥力运筹 根据麦套稻前期生长慢、中期爆发力强、后期熟相好的生育特性，要早施、重施苗肥，看苗施好穗肥。早施分蘖肥。水稻中后期田间麦秸秆腐烂分解，增加大量有机肥，所以前期施肥量要比正常栽培稻多些，基蘖肥与穗肥比例7：3。

①早施、重施苗肥，看苗施好穗肥。针对套播稻种时不施底肥，前期生长较弱，吸肥能力差的情况，应在麦收后第一次

灌水时，每公顷施碳酸氢铵600～675 kg、过磷酸钙450～600 kg、氯化钾180 kg，或高浓度复合肥375～450 kg。

②早施分蘖肥。麦套稻苗龄7叶以下低位分蘖少，8叶以上高位分蘖多，但成穗率低，因而要早施分蘖肥，每公顷施尿素105～120 kg，促进低位分蘖。

③轻施穗肥。穗肥则以促花肥为主，保花肥占穗肥总量的20％以下或不施。促花肥和保花肥在叶龄余数3.0～3.5叶及1.0～1.5叶时进行，即7月底8月初每公顷施尿素120～150 kg、过磷酸钙150～300 kg、氯化钾75 kg、硅肥75 kg，重施促花肥攻大穗，8月10～15日看苗施保花肥。

(2) 水分管理　水分管理上以水调群体，播种后及时灌"跑马"水，播后当天下午灌水，待麦田土壤浸透后迅速排水，确保第二天清早麦田不积水，以后保持土壤湿润，促进水稻扎根立苗。小麦机械收获后第二天水层灌溉并进入正常大田管理。

分蘖期浅水勤灌，土壤相对含水量控制在60％～80％，7月8～10日，水稻达到够苗及时搁田。由于高位分蘖多，搁田要适度，分数次搁，要由轻到重。7月25日左右达高峰苗，每公顷控制在450万～525万的中期控苗目标。

拔节孕穗期土壤相对含水量控制在70％～80％，抽穗开花期则控制为饱和水。

灌浆结实期实行干湿交替，防止断水过早。乳熟期土壤相对含水量仍要控制在70％。

(3) 病虫草害防治　3叶期每公顷用27％精甲霜灵噻虫胺咪鲜胺铜盐750 g，混干细土150 kg撒施于土壤，保水3 cm

深。在 6 月 5 日、6 月 15 日和 6 月 25 日用 5% 锐劲特悬浮剂 450～900 mL 加 75% 灭瘟灵粉 375 g，兑水 600～750 kg，进行常规喷雾。防治稻象甲、稻蓟马、螟虫、稻飞虱等害虫和条纹叶枯病、苗稻瘟等病害的发生。

中后期每公顷施 50% 病虫清 120 g 加 20% 三环唑 1 500 g 兑水 450 kg 喷雾，用药后保持 3 cm 高的水层持续时间 4～5 d，以提高防效。按照 NY/T 5117 标准执行。

(4) 麦套稻杂草防治 在麦收灌水后 5 d 内用药，每公顷用稻农乐 450～600 g 兑水 450 kg 喷雾，2 d 后建立水层。残留杂草人工拔除。

2. 冬小麦

(1) 前期管理措施 播种前施肥：秸秆还田或有机肥 37.5～45.0 m³/hm²，纯氮 210.0～225.0 kg/hm²，五氧化二磷 75.0～90.0 kg/hm²，氧化钾 90.0～120.0 kg/hm²，硫酸锌 15.0～22.5 kg/hm²。有机肥与磷、钾、锌肥全部底施，氮素化肥的 50%～60% 底施，40%～50% 在拔节期追施。基肥深施可采用犁沟深施和撒肥深翻两种方法。干旱年份采用犁沟深施，即随犁地将肥料施于犁沟，随即翻垡覆盖；土壤湿度较大，采用先撒施肥料，然后翻耕将肥料埋入土中。秸秆还田具有保墒、抑制杂草、增加土壤有机质的作用，有利于提高小麦产量。一般每公顷直接还田秸秆 4 500 kg，切割成 10～20 cm（也可整株稻草下地），均匀覆盖田面，以草不成堆、田不露土为宜。小麦播种后覆盖或越冬前覆盖均可。

及早间苗：基本苗过多的田块，在小麦 3～4 叶期及时间苗，将间下的麦苗移栽在缺苗断垄处。

化学除草：当冬前小麦田间杂草密度达 30 株/m² 以上时，需要及时进行化学除草。以禾本科杂草看麦娘、野燕麦、早熟禾等为主的麦田：每公顷用骠马（6.9％精恶唑禾草灵水乳剂）1 200～1 500 mL；或每公顷用大能（5％唑啉·炔草酯乳油）900～1 200 mL；或每公顷用麦极（15％炔草酯可湿性粉剂）300～450 g，于冬前杂草 3～5 叶期兑水 450～600 kg，茎叶均匀喷雾。冬后草大时用药适当增加剂量。

以阔叶杂草牛繁缕、繁缕、稻茬菜、大巢菜、荠菜等为主的麦田：每公顷用使它隆（20％氯氟吡氧乙酸乳油）750～1 005 mL，或每公顷用巨星（75％苯磺隆干悬浮剂）有效成分 15 g；或每公顷用麦喜（58 g/L 双氟·唑嘧胺悬浮剂）225 mL；于冬前杂草 3～5 叶期兑水 300～450 kg，茎叶均匀喷雾。冬后草大时用药适当增加剂量。

以禾本科杂草、阔叶杂草混生麦田：每公顷用使它隆1 005 mL＋骠马 1 500 mL，或每公顷用优先（7.5％啶磺草胺水分散颗粒）150～180 g，于冬前杂草 3～5 叶期兑水450～600 kg，茎叶均匀喷雾。冬后草大时用药适当增加剂量。

对苗期除草效果不好或冬前没来得及化除的麦田，应在春季 3 月中旬以前选择晴好温暖天气进行化除，拔节后禁用除草剂进行化除。

控制旺苗：播种偏早、播种量过大，有旺长迹象的田块，冬前可进行深中耕，在小麦行间深锄 5～7 cm，切断部分根系，控制麦苗旺长。

在返青后拔节前，对每公顷茎数超过 1 500 万的麦田，用10％多效唑＋甲哌翁(矮丰)进行化控。每公顷用10％多效唑＋甲哌翁（矮丰）有效成分 45（冬前）～75 g（冬后）兑水 375～450 kg，进行叶面喷匀喷施。也可结合化学除草进行。

（2）中后期管理措施 追施平衡肥、拔节肥和叶面肥，对分蘖少、有脱肥现象的麦田，于 2 月上中旬趁雨雪每公顷追施尿素 60～75 kg，促进麦苗均衡生长。对苗情正常的田块，应重施拔节肥，于 3 月中下旬每公顷追施尿素 120～150 kg，确保穗大粒多，拔节肥不迟于 4 月 10 日。开花至灌浆期叶面喷施 2%～3% 的尿素加 0.5%～1.0% 磷酸二氢钾溶液，每公顷喷 750～900 kg。

清沟排水：疏通"三沟"，保证排水畅通。

（3）病虫害防治 贯彻"预防为主，综合防治"的植保方针，以农业防治为基础，提倡生物防治，按照病虫害的发生规律科学使用化学防治技术。

化学防治应做到对症下药，适时用药，注意药剂的轮换使用和合理混用，按照规定的浓度要求合理使用。

赤霉病：小麦扬花初期，每公顷用 36% 粉霉灵悬浮剂 1 500 g 或 80% 多菌灵可湿性粉剂 1 500 g 加水 450～600 kg，对准穗部均匀喷雾。严重发生年份，可在盛花期补喷 1 次。根据预报，雨前喷药预防，必要时雨后补喷。喷药时要对准小麦穗部均匀喷雾。

纹枯病：小麦拔节期平均病株率达 10%～15% 时，每公顷用 20% 的井冈霉素可湿性粉剂 750 g 或公顷用 12.5% 纹霉清净水剂 2 250 mL 加水 600 mL 喷雾。

白粉病：小麦孕穗期至抽穗期病株率达 20% 时选用三唑酮（粉锈宁）或烯唑醇（禾果利）可湿性粉剂喷雾。

锈病：采用立克秀或三唑酮（粉锈宁）等拌种预防，还可兼治早期白粉病、纹枯病、全蚀病、散黑穗病等病害，加入杀虫剂可兼治地下害虫。大田发病普遍率达 3％时，选用烯唑醇、丙环唑乳油（科惠）喷雾，穗期可结合"一喷多防"，防病、防虫、兼防干热风。

麦蚜：田间百株（茎）穗蚜量超过 500 头，天敌与蚜虫比在 1∶150 以上时，选用吡虫啉、抗蚜威、添丰等喷雾。

麦蜘蛛：小麦返青后，平均每米行长幼虫 600 头以上，上部叶片 20％面积有白色斑点时，选用阿维菌素、乐果粉剂等喷雾（粉）。

吸浆虫：蛹期（抽穗期）每公顷选用 50％辛硫磷 3 750 mL 或 80％敌敌畏 1 500 mL 兑水 30 kg 制成母液，均匀拌细土 375～450 kg 制成毒土防治。成虫期（小麦灌浆期）选用辛硫磷乳油、乐果乳油、菊酯类等高效低毒药剂喷雾。

（八）收获

旱稻：籽粒黄熟 80％以上，齐穗后 31～39 d，稻谷含水量在 20％左右时机械或人工收获。勿在沙石和沥青等路面晒谷，避免在水泥场地薄摊暴晒，至水分达标准时及时贮藏。

冬小麦：人工收割的适宜收获期为蜡熟期，机械直接收割（联合收割脱粒）的适宜收获期为蜡熟末期至完熟初期。收获后，籽粒及时晾晒，使水分下降到 12.5％后贮藏。采用干燥、趁热密闭贮藏方法和"三低（低温、低氧、低氧化铝剂量）"的综合技术贮藏。入仓小麦籽粒含水量＜12.5％。

参考文献

中华人民共和国国家质量监督检验检疫总局，中国国家标准化管理委员会，2009. 粮食作物种子第 1 部分，禾谷类：GB 4404.1—2008. 北京：中国标准出版社.

中华人民共和国国家质量监督检验检疫总局，中国国家标准化管理委员会，2009. 农作物薄膜包衣种子技术：GB/T 15671—2009. 北京：中国标准出版社.

中华人民共和国国家质量监督检验检疫总局，中国国家标准化管理委员会，2017. 优质稻谷：GB/T 17891—2017. 北京：中国标准出版社.

中华人民共和国农业部，2002. 无公害食品，水稻生产技术规程：NY/T 5117—2002. 北京：中国标准出版社.

著写人员与单位

施六林[1]，王斌[1]，王伟[1]，张德文[2]，甘斌杰[3]，王艳[1]，吴炜[1]

[1]安徽农业科学院农业工程研究所；[2]安徽省农业科学院水稻研究所；[3]安徽省农业科学院作物研究所

第二节　冬小麦—水稻节水节肥节药综合技术方案

本综合技术方案适宜在黄淮南部冬小麦—水稻复种连作区推广应用，在土壤肥力较高的高产地块应用，更能发挥其节本增产的优势。

一、技术要点

（一）小麦季

1. 品种选用

选用通过国家或所在省农作物品种审定委员会审定或认定，经当地试验、示范，适应能力强、单株生产力高、耐病、抗倒、抗逆、株型较紧凑、光合能力强、经济系数高的半冬性优质专用高产小麦品种，要特别关注赤霉病抗性好的品种的推广。

2. 机械耕播精种

针对现阶段黄淮南部稻茬小麦播种偏迟偏晚、秸秆还田质量不高、播种质量差的问题，提高适期播种小麦比例和秸秆切碎匀铺深埋还田、机械高质量耕播并配以适宜密度是实现高产的重要保证。关键是合理组合选用秸秆切碎匀铺深埋还田技术、种肥机械联合作业技术、播期播量（基本苗）组配技术、正位施肥播种喷药联合作业技术等。

（1）**稻秸全量机械还田**　水稻收获前 7~10 d 及时放水，保证收获时田间土壤墒情适宜，便于机械作业。水稻收获机械要有切碎、匀铺装置，留茬高度一般控制在 10 cm 以下，稻草切碎长度控制在 5~8 cm，抛洒均匀，稻草匀铺不到位需人工撒匀。如果稻草切碎长度过长或水稻收获时留茬高度过高，收获后应采用专用秸秆粉碎机进行粉碎，秸秆粉碎机要匀速行驶，粉碎刀要贴近地面，确保留茬及秸秆粉碎彻底，分布均匀。选用 66.15 kW 以上大中型拖拉机牵引深旋灭茬还田，旋耕埋草深度应至少达到 12 cm 以上，最好达到 15 cm，防止稻草富集于播种层；有耕翻条件的可以采取耕翻方式进行埋草灭茬，耕翻深度应在 20～25 cm，耕翻后需旋耕或耙地将土壤整细整平待播。

（2）**因墒机械匀播** 在确保秸秆还田和整地质量的基础上，墒情适宜（土壤含水量在田间相对持水率 80% 以下）时，可采用机械条（匀）播方式播种，一次性完成旋耕、开沟、播种、覆土、镇压等工序，播种时根据土壤墒情调节播种深度，墒情适宜时控制在 2～3 cm，土壤偏旱深度调节为 3～4 cm，行距 20～25 cm。播种质量要求是：播深适宜、深浅一致、出苗均匀、苗量合理。复式作业播种机作业时，如遇草量较大、碎草匀铺不到位等情况，可在播前增加一次旋耕灭茬作业，以确保播种质量。如水稻收获偏迟、土壤湿度又大，机播作业难度大，可采用免耕摆播、浅旋耕撒播、板茬直播或稻田套播等方式，加快播种进度。

（3）**播期与播量**（基本苗）**合理配合** 适宜播种期为 10 月 10～25 日，根据前茬水稻类型合理确定，但均要求在适期范围内适当提早播种，有利于提高产量与品质。大面积生产中适期播种的稻茬小麦基本苗以每公顷 225 万～270 万为宜，迟于播种适期，播期与播量（基本苗）宜适当组配。晚播条件下需因实际播种时间适当调整播种量，通常每晚播 1 d，每公顷基本苗增加 7.5 万，但基本苗最多也不宜超过预期穗数的 85% 左右（即晚播独秆栽培的基本苗以每公顷不超过 525 万为宜）。

3. 控氮调磷钾高效施肥

根据产量水平和品种类型合理确定施肥量、根据品质要求合理确定施肥比例、根据苗情和逆境特点合理追肥的控氮调磷钾高效施肥技术。产量目标 9 000 kg/hm² 以上，适宜的施氮量为 240～300 kg/hm²，拔节孕穗肥施用比例在 40% 以上，N：P_2O_5：K_2O 建议为 1：0.6～0.8：0.6～0.8，因当地土壤的磷、钾水平调整。推介使用正位施肥播种同步喷药联合作业技术、智能水肥一体装备作业技术、肥药一体化施用技术等高效施肥技术，提高肥料施用效率，减轻环境污染。

基肥：播种前配合施用氮、磷、钾肥，施用量约占施用总量的 50% 左右。推介配合使用控释肥与缓释肥。推介种肥机械联合作业技术、正位施肥播种同步喷药联合作业技术等，以提高作业效率与肥料利用效率。

分蘖肥：于 4～5 叶期前后根据小麦苗情宜施尿素 45～60 kg/hm²，兼顾捉黄塘促平衡即全田不均衡施用，苗黄、苗少、苗弱区域多施一点，叶色正常区域少施，偏旺区域不施，促全田平衡生长。

拔节肥：在小麦基部第一节间伸长、叶龄余数 3.5 左右时，根据小麦苗情、土壤墒情施肥，要求施 20% 左右的氮肥、50% 左右的磷、钾；如仅施氮肥，宜在小麦基部第一节间接近定长、叶龄余数 2.5 左右施用。推介智能水肥一体装备作业技术、自走式喷雾施肥一体作业技术等，以提高肥效。

孕穗肥：小麦叶龄余数 0.8～1.2 叶，根据小麦苗情、土壤墒情施肥，施 20% 左右的氮肥。推介智能水肥一体装备作业技术、自走式喷雾施肥一体作业技术等，以提高肥效。

根外追肥：根据花后天气与植株生长情况，推介后期结合病虫防治喷施生长调节剂、尿素或磷酸二氢钾等，对提升籽粒产量有较好的作用，有助于品质改善，并对干热风（高温逼熟）、延缓花后衰老有较好缓解作用。

4. 节水灌排防旱降渍

因区域、小麦生育期、天气状况推行节水灌溉、排水降湿，注重适时灌排，关键灌好越冬水（看天气）和拔节水。

要开好麦田一套沟，保证沟系畅通，做到涝能排、旱能灌。播种后要及时机械开沟，每 3～5 m 开挖一条竖沟，沟宽 20 cm，沟深 20～30 cm；距田两端横埂 2～5 m 各挖一条横沟，较长的田块每隔 50 m 增开一条腰沟，沟宽 20 cm 左右，沟深 30～40 cm；田头出水沟要求宽 25 cm 左右，深 40～50 cm，确保内外三沟相通。

齐苗水：播后 1～2 d，田间相对含水量低于 60% 应进行窨灌，也可在播种前造墒播种，干旱年景下看墒情适时灌溉。

越冬水：底墒不足或秋冬干旱时应进行窨灌，弱苗早灌，旺苗迟灌。特别是冬季出现极端低温时如干旱建议灌水防冻。

拔节孕穗水：结合拔节孕穗肥的施用，在 3 月下旬至 4 月初，补灌拔节孕穗水。一般采用微喷补灌或沟灌，要在畦面中间表土湿润时停止灌水。推介使用测墒微喷技术与装备，有条件地区推介小麦智能控制定量补测技术等先进的灌排方式。

5. 病虫草绿色综防

推广应用以小麦绿色、健康栽培为基础，结合农业防治，坚持病虫害防治指标、科学使用农药、保护利用自然天敌控制作用的小麦病虫草绿色综合防治体系，改变以往单纯的"预防为主"的防治理念。选用安全、无（低）残留农药防治小麦赤霉病、纹枯病、白粉病、黏虫、蚜虫和麦田杂草，推介机械、高效的施药装备与技术，如正位施肥播种同步喷药联合作业技术、热雾沉降施药技术、无人机施药技术、自走式喷雾施肥一体作业技术等，提高农药使用效率，减轻环境污染，保证产品安全性。

种子处理：播种前用具有防病、治虫作用的小麦种衣剂包衣。没有进行包衣的种子可采用药剂拌种处理。

杂草防除：正常年份，麦田第一个出草高峰在播种后10～30 d，第二个出草高峰在开春后。冬前杂草处于幼苗期，对药剂敏感，是除草的最佳时间，采用封闭及芽后早期茎叶处理，能有效解决耐（抗）药性强、苗后处理成本高风险大的恶性杂草，有条件地区推介使用正位施肥播种同步喷药联合作业技术。冬前及春季进行茎叶处理除草需根据田间草相，选用相应的除草剂，要严格按照要求科学使用，防止产生药害。

纹枯病：种子处理效果较好，田间纹枯病发生普遍率较低或蚜虫发生基数较低的田块，此次可不防治。在返青期至拔节期当病株率达到10％时及时均匀喷雾防治，重病田隔7～10 d再用药防治1次。

白粉病：当上部3片功能叶病叶率达5％左右时或病株率达15％左右时，为防治标准。对早春病株率达5％的田块，可提早防治1次，减轻后期危害程度和防治压力。

赤霉病：是本区域常发病害，于小麦开花初期采用新型药剂如氰烯菌酯·戊唑醇复配剂等适时防治，要求"用准时期、用对药种、用足药量、防足次数"和"见花始防、谢花再防、遇雨补防、一喷三防"，保证防治效果。若开花期遇连阴雨天气或赤霉病流行偏重季，第一次施药后5 d开展第二次防治。

有条件地区推介使用热雾沉降施药技术、小麦玉米挡板防飘减量喷雾机作业技术、自走式喷雾施肥一体作业技术等。

麦蚜虫：小麦扬花至灌浆初期，有蚜株率＞25％时或百穗蚜量超过 300～500 头（天敌与麦蚜比＜1：150）时，即需防治。此外，苗期平均每株有蚜 4～5 头时也需进行防治，冬前防治还应适当提高用药浓度和用药量。

要突出强化"一喷三防"工作，结合病虫防治进行药肥混喷，可一喷多防、保绿防衰、保粒增重。

6. 抗逆应变

采用矮苗壮、矮壮丰等拌种，增强小麦耐寒、抗倒性能，如每公顷用矮苗壮 150～225 g 兑水 22.5 kg 拌种等措施，亦可有较好的防止冻害发生的效果。对群体过大、有倒伏风险田块，应及时预防，如镇压控旺、施用生长调节剂等。

低温来临前，土壤出现旱情时要及时灌水，可有效防冻。小麦受冻后应根据冻害严重程度增施恢复肥，小麦拔节前严重受冻，可适量施用壮蘖肥，促使其恢复生长；拔节后发生冻害一是要在低温后 2～3 d 及时调查幼穗受冻的程度，二是对茎蘖受冻死亡率超过 10％以上的麦田要及时追施恢复肥，恢复肥追施数量应根据小麦幼穗冻死率而定，幼穗冻死率 10％～30％的麦田，可每公顷追施尿素 75 kg 左右，冻死率超过 30％的麦田每递增 10 个百分点，每公顷增施尿素 30～45 kg，上限值不超过 225 kg/hm²，以争取动摇分蘖和后发生的高节位分蘖成穗，挽回产量损失。

预防倒伏的主要措施是选用耐肥、矮秆、抗倒的高产品种，多效唑、矮壮丰等拌种，合理安排基本苗数，提高整地、播种质量，根据苗情合理运用肥水等促控措施，使个体健壮、群体结构合理。如出现旺长，应及早采用镇压、深中耕等措施，达到控叶控蘖蹲节的目的；群体较大田块于拔节前每公顷可用矮壮丰750 g或15％多效唑可湿性粉剂750～1 050 g进行叶面均匀喷雾，不可重喷。

蜡熟末期至完熟初期根据天气状况及时抢晴收获，预防小麦穗上发芽，降低籽粒品质与产量。采用联合收割机收割，同步碎秆匀铺，收获后及时晒（烘）干，防止烂麦场。脱粒后及时晾晒3～4个晴天，保证籽粒水分≤12.5％进仓，贮藏于通风干燥处。要求分品种专收、专储、专销，以利优质优价。

（二）水稻季

1. 栽插方式

30 cm×13.3 cm，每穴平均5苗，盘育机插为主，每公顷密度21.6万～25.2万穴、基本苗90万～120万为适宜群体起点。

2. 水分管理

湿润灌溉、干湿交替，特别强调周年生产条件下的露田通气、排水搁田。

（1）薄水移栽（浅插）；

（2）浅水活棵，适当晾田，秸秆还田及时露田通气；

（3）分蘖期建立浅水层，浅水勤灌；

（4）定期早搁田，群体茎蘖数达穗数80％（粳稻每公顷约300万）时落干搁田，多次轻搁到硬板；

（5）灌浆期干湿交替；

（6）收获前强调及时断水，粳稻最后 1 次灌水的时间指标为：灌后不排，应在割稻前 15～20 d；或即灌即排（跑马水），应在割稻前 7～10 d 及时断水（排干）。

3. 肥料管理

N、P_2O_5、K_2O 用量分别为 225 kg/hm²、120 kg/hm²、180 kg/hm²，氮素分配比例为基肥 40％、分蘖肥 20％、促花肥 20％、保花肥 20％。秧苗 3 叶 1 心时带药机插，提前 3～4 d 喷施送嫁肥（尿素）不超过 75 kg/hm²，移栽后 20 d 内分两次各追施分蘖肥（尿素）75～120 kg/hm²，倒 4 叶期复水湿润，施促花肥（尿素）150～225 kg/hm²，氯化钾 120～195 kg/hm²，倒 2 叶末施保花肥（尿素）75～150 kg/hm²。磷肥一次性基施。钾肥分两次施用，基肥和穗肥各 50％。

4. 农药使用

江苏省粳稻常年发生、对产量有明显影响的主要病害有条纹叶枯病、黑条矮缩病、纹枯病、稻瘟病、稻曲病、白叶枯病等，主要虫害有稻飞虱、螟虫、稻纵卷叶螟等，主要草害有稗草、千金子、莎草、牛毛毡、野慈姑、马塘、鸭舌草等。通过水肥管理塑造通风透光健康群体，当出现病虫害时应及时选用针对药剂，依据田间实际，减少用量 15％或打药次数 1～2 次。同时注重低残、生物农药的替代使用。施用方式及时间如下：

（1）30％异丙·苄可湿性粉剂 450～600 g 或者 3％苄嘧·苯噻酰 600～750 g，于水稻移栽后 5～7 d，拌尿素撒施。

（2）7 月 25～29 日，每公顷用 15％阿维·毒乳油 1 200～1 500 mL＋50％吡蚜酮 150 g＋30％苯醚甲环唑·丙环唑 300

mL，兑水 600～750 kg 均匀喷雾。

（3）8 月 15～20 日，公顷用 3.2％阿维菌素 750 mL＋25％噻嗪酮 600 g＋50％咪鲜胺 600 g＋98％磷酸二氢钾水剂 1 500 g。

（4）8 月 25 日，3.2％阿维菌素 750 mL＋25％噻嗪酮 600 g＋30％苯醚甲环唑·丙环唑 225 mL＋75％三环唑 300 g＋磷酸二氢钾 1 500 g。

（5）8 月 30 日至 9 月 3 日，2.2％甲维盐 750 mL＋20％烯啶虫胺 300 g＋12％井蜡芽 3 000 mL＋25％咪鲜胺 1 500 mL＋腐殖酸叶面肥 750～900 g。

二、注意事项

1. 提倡稻田开沟并注意控制好最后灌水时间，推行节水灌溉、节肥施用技术，实现周年水肥高效利用，并为小麦适期耕作播种创造好的墒情条件。

2. 强调稻麦周年秸秆深耕或深埋还田，以减轻田间病菌滋生空间，减少生产过程中农药施用次数与用量，实现节药高效。

3. 注意稻麦收获期与播栽期的合理搭配，要突出强化水稻、小麦成熟即收的意识，家庭农场、种田大户因受晒干或烘干条件的制约常常影响收获进度与播种进度，尤其要注意早作预案，以加快收割与播种进度，实现小麦、水稻适时播栽。

4. 密切注意水稻、小麦生长后期水肥管理与病虫的绿色防控，实现安全优质。

著写人员与单位

朱新开[1]，刘正辉[2]，陈莉[3]，丁锦峰[1]，李红[4]，魏新华[4]，袁文胜[5]，李振宏[6]，徐鹏[6]，杜同庆[6]

[1]扬州大学；[2]南京农业大学；[3]安徽农业大学；[4]江苏大学；[5]农业农村部南京农业机械化研究所；[6]睢宁县农业农村局

作物病虫草害综合防控
节药技术方案

第一节　麦—玉周年综合防控节药技术

病虫害的发生严重影响小麦和玉米生产。目前防治小麦和玉米病虫害的主要方式是施用化学农药。然而化学农药的大量施用，不仅污染环境，还威胁粮食安全。笔者针对黄淮流域小麦、玉米主要病虫害发生情况，创新防控关键技术，提出了小麦—玉米周年综合防控节药技术。

一、节药关键技术

（一）种子处理

种子处理技术，是把农药活性成分（如杀菌剂、杀虫剂、除草剂和植物生长调节剂）在种子播入土壤之前处理到种子上，使药剂直接进入靶标的药剂处理方式。这样的种子处理产品被称作种子处理剂。相对于喷雾处理，种子处理可以减少由于液滴反弹、飘移、流失、碎裂等造成的药物损失，提高药剂利用效率，同时降低施药成本。

种子处理不仅可以防治病虫害，还可以恢复甚至增强种子活力，减少农作物在生长、收获、贮藏、运输等过程中造成的种子活力的下降，提高种子发芽势和发芽率，达到苗齐、苗壮、苗全以及增加作物产量的目的（李贤宾等，2013）。

（二）植物诱导抗性

植物免疫诱抗剂能够调节植物的新陈代谢并激活植物的免疫系统，进而增强植物抗病和抗逆能力（邱德文，2014）。多糖是自然界中普遍存在的具有生物调剂功能的复杂碳水化合物。一些多糖具有增强植物抵御病原微生物的能力。当前以多糖为诱导物使植物获得系统的免疫抗病性已经成为植物保护的有效措施之一。

多糖按照来源可分为真菌多糖、植物多糖、动物多糖、藻类多糖等。真菌多糖广泛存在于大型真菌的细胞壁中的一类β型多糖，被称为"生物反应调节物"。研究表明，真菌多糖不仅具有抑杀真菌、细菌等的作用，还能调节作物生长，诱导植物产生抗性，而且具有无毒、易被降解、对环境安全等特点。壳寡糖、香菇多糖、寡糖·链蛋白等均已在我国取得农药登记许可，具有显著的诱导抗病效果。

（三）生物防治

生物防治是利用自然界已经存在的生命活体，或者是活体的代谢产物来控制病虫害。与化学农药不同，生物防治中的活性能源来自于自然界，可以被酶所降解，因此没有残留和毒性。生物防治有效避免了化学农药使用带来的一系列的问题，并在控制有害生物的过程中发挥着越来越重要的作用。

保护和利用自然界害虫天敌是生物治虫的有效措施，它利用了生物物种间的相互关系，以一种或一类生物抑制另一种或另一类生物。大致可以分为以虫治虫、以鸟治虫和以菌治虫三大类，即利用害虫的捕食性天敌和寄生性天敌防治害虫。

植物根际促生菌是具有防治植物病害、促进营养生长的有益微生物类群，通常生活在土壤或附着于植物根际，具有溶磷、固氮、分泌铁载体、产生抗生素以及诱导植株抗性等能力，从而能够有效抑制植物病害，促进植物健康生长。研究发现，荧光假单孢菌、芽孢杆菌、沙雷氏菌属和根瘤菌均是具有防病促生潜能的根际微生物，可以通过竞争营养物质、分泌拮抗物质、降解致病因子以及诱导植物产生抗病性等作用对植物病害进行生物防控（林勇，2014）。

（四）精准施药

化学农药投入量大且施用时期不科学是当前小麦和玉米生产上存在的问题之一。因此，根据小麦和玉米主产区病虫害发生种类和特点，筛选高效低毒低残留化学药剂，提出最佳施药时间，制定小麦、玉米主要病虫精准防治技术规程，是精准施药的关键措施。完成防治多靶标病虫害的药剂配方组配，配制适合的施药时间，是精准施药的有效途径。

二、小麦病虫害综合防治技术

（一）农业防治

1. 选用抗性强的品种

定期轮换抗性强的品种，可以有效保持品种抗性，减轻病虫害的发生。

2. 采用合理耕作制度

轮作换茬可减少有害生物的发生。

3. 改变耕作条件

土壤耕翻可减少杂草出土量。

4. 精选麦种

选取籽粒饱满的麦种，清除混入麦种内的杂草种子，防止新的恶性杂草扩展蔓延。

（二）生物防治

麦田中麦蚜的天敌种类较多，主要有瓢虫、食蚜蝇、草蛉、蜘蛛、蚜茧蜂，其中以瓢虫及蚜茧蜂最为重要。可以利用及释放天敌控制有害生物的发生，如在小麦蚜虫发生期释放异色瓢虫等进行生物防控。

使用化学农药进行防治时，注意选择对天敌杀伤力小的低毒性化学农药，避开自然天敌对农药的敏感时期，创造适宜自然天敌繁殖的环境等措施，保护天敌。

（三）物理防治

采用黑光灯、震频式杀虫灯、色光板等物理装置诱杀鳞翅目、同翅目等害虫。

（四）药剂防治

1. 种子处理

依据 GB/T 15671—2009 的规定处理种子，使用植物诱导抗性剂可降低化学农药的使用量。每 100 kg 种子用 120 mL 的 8%：3%：3%吡虫啉·己唑醇·香菇多糖悬浮种衣剂拌种包衣，可以有效防治越冬前的小麦根茎部病害如小麦纹枯病、小麦根腐病、小麦全蚀病等，也可兼治小麦散黑穗病等穗部病害、小麦金针虫等地下害虫及小麦蚜虫等刺吸式口器害虫。

该配方的防效与每 100 kg 种子用 160 mL 的 16%：3%吡虫啉·己唑醇悬浮种衣剂包衣的防效相当，可降低 25%的化学药剂施用量，同时保证作物产量。

2. 喷雾防治

根据黄淮流域小麦病虫害发生规律，依据 NY/T 1225—2006 的规定进行施药，建议在播种后 30d 左右的小麦分蘖期，选用 55％噻·噁·苯磺隆可湿性粉剂 270 g/hm² 喷雾防除麦田禾本科及阔叶杂草；第二年小麦返青期，在阔叶杂草特别是抗性杂草播娘蒿、荠菜、麦家公等发生较多的麦田，选用 22％氟吡·双唑酮可分散油悬浮剂 450 mL/hm² 茎叶喷雾处理；在禾本科杂草和阔叶杂草混合发生的麦田选用 7％双氟·炔草酯可分散油悬浮剂 750 mL/hm² 或 1％双氟·二磺可分散油悬浮剂 1 200 mL/hm² 茎叶喷雾处理。在小麦扬花期"一喷三防"，采用 45％戊唑·咪鲜胺水乳剂 450 g/hm² 喷雾 2 次＋5％啶虫脒乳油 420 g/hm² 综合防治小麦白粉病、小麦赤霉病、小麦蚜虫等春季主要小麦病虫害。

三、玉米病虫害综合防治技术

（一）农业防治

选用抗性强的品种并定期轮换，同时采用合理耕作制度、适时播种、轮作换茬、合理密植，减少有害生物的发生。

（二）生物防治

通过使用解淀粉芽孢杆菌、甲基营养型芽孢杆菌等生防菌发酵液拌种，或将含生防芽孢杆菌的微生物菌剂施入田间土壤，能够有效降低玉米茎基腐病等土传病害的发病率和病情指数，同时可以提高种子发芽率，促进根系及地上部植株生长。

适时释放天敌如瓢虫、寄生蜂等控制有害生物的发生。使用化学农药进行防治时，注意选择对天敌杀伤力小的低毒性化学农药，避开自然天敌对农药的敏感时期，保护天敌。

（三）物理防治

采用黑光灯、震频式杀虫灯、色光板、性诱剂释放器等物理装置诱杀鳞翅目、同翅目等害虫。

（四）药剂防治

1. 种子处理

主要针对苗期病害、地下害虫及粗缩病进行种子包衣处理。

依据 GB/T 15671—2009 的规定处理种子，每 100 kg 种子用 156 g 吡虫啉·咯菌腈·香菇多糖悬浮种衣剂（8%：3%：3%）拌种包衣，可有效防治玉米茎基腐病、玉米丝黑穗病等，也可兼治地下害虫，有效控制蚜虫、灰飞虱、蓟马等害虫，同时防控苗期病毒病的发生。

2. 化学防治

根据黄淮流域玉米病虫草害发生规律，建议在玉米 3～5 叶期，选用 28% 烟嘧·莠去津可分散油悬浮剂 1 200 g/hm² 茎叶喷雾，防治田间杂草。

玉米大喇叭口期，采用 3% 辛硫磷颗粒剂 3 750 g/hm² 掺细沙施于心叶内防治玉米螟，并可兼治蓟马、蚜虫、黏虫等。

3. 生物农药防治

每公顷用 1 050～1 200 mL 枯草芽孢杆菌可分散油悬浮剂（200 亿芽孢/mL）喷雾防治玉米大斑病等病害的发生。施用苏云金杆菌可湿性粉剂、白僵菌制剂或悬挂松毛虫赤眼蜂卡等生物农药防治玉米螟的发生，并可兼治其他鳞翅目害虫，替代化学农药进行虫害防治。

参考文献

李贤宾，张文君，郑尊涛，等，2013. 我国种子处理剂的登记现状及发展趋
　　势. 农药市场信息，34（22）：32-34.

林勇，2014. 植物根际促生菌（PGPR）作用机制研究进展. Agricultural
　　Science & Technology，（1）：87-90.

邱德文，2014. 植物免疫诱抗剂的研究进展与应用前景. 中国农业科技导
　　报，16（1）：39-45.

中华人民共和国国家质量监督检验检疫总局，2009. 农作物薄膜包衣种子技
　　术条件：GB/T 15671—2009. 北京：中国标准出版社.

中华人民共和国农业部，2006. 喷雾器安全施药技术规范：NY/T 1225—
　　2006. 北京：中国农业出版社.

著写人员与单位

王红艳[1]，姜莉莉[2]，乔康[1]

[1]山东农业大学；[2]山东省农业科学院

第二节　麦—稻周年综合防控节药技术

　　小麦—水稻周年绿色综合防控节药技术坚持以农业防治
为基础，合理利用诱控、生物防控和化学防治技术，采用两
季一体化防控技术，以稻—麦周年生育期为主线，稻曲病、
两迁害虫、小麦赤霉病等主要病虫害为对象，病害防治从关
键时间节点入手，通过药剂的合理配合减少防治次数。水稻
害虫依据稻田生态系统整体特点，变单纯的害虫防治为生态

调控，既充分培育和利用以稻田蜘蛛、寄生蜂等为主的天敌自然控制和持续控制作用，适时、适度使用环境友好型农药减少经济损失，以获取最好的经济、生态和社会效益。以前对水稻"两迁害虫"的防治均提倡采用"压前控后"的防治策略，增加了施药次数，限制了稻田蜘蛛、寄生蜂等为主的稻田天敌对水稻害虫的自然控制作用，这也是水稻中后期害虫再度猖獗、防治压力增大的重要原因之一。因此，本技术在水稻大田生长前期（水稻移栽至 7 月上旬）不施药防治，保护和培育天敌对害虫的自然控制作用。在水稻生长中期（7 月中旬至 8 月初）、后期（8 月上旬及以后）根据害虫实际发生情况进行关键期防治。

（一）农业防控技术

1. 种植抗（耐）病品种

小麦根据当地病虫发生情况，因地制宜地选择抗（耐）病品种。小麦种植抗（耐）赤霉病、纹枯病、白粉病、锈病等小麦品种，避免种植高（易）感品种。水稻种植抗（耐）稻曲病、稻瘟病品种。

2. 实施健身栽培

小麦秋种时要深翻土地，精细整地，测土配方施肥，适期适墒适量播种，合理运筹肥水，科学使用碧护、芸薹素内酯、低聚糖素等植物生长调节剂，增强抗逆性，减轻病虫发生危害程度。水稻培育无病虫壮秧，及时翻耕犁耙减轻病虫基数，翻耕灌水灭蛹、科学水肥管理，健康栽培。

（二）理化诱控技术

水稻使用性信息素、频振灯群集诱杀水稻二化螟、稻纵卷叶螨等。

（三）生物防控技术

1. 天敌的利用

人工释放赤眼蜂防治二化螟、稻纵卷叶螟。

2. 生物农药防治

优先选用生物药剂进行病虫害防控。可选择苏云金杆菌（Bt.）、金龟子绿僵菌（CQMa421）、短稳杆菌、甘蓝夜蛾核型多角体病毒、球孢白僵菌、井冈·蜡芽菌、枯草芽孢杆菌、多抗霉素、申嗪霉素、春雷霉素等防治二化螟、稻纵卷叶螟、稻瘟病、纹枯病、稻曲病等病虫害。

（四）化学防控技术

采用两季一体防控技术，害虫防治坚持科学使用农药，保护自然天敌，病害防治从关键时间节点入手，通过药剂的合理配合减少防治次数。

小麦赤霉病化学防治时间节点：赤霉病的防治适期为扬花初期第一次施药，偏重以上年份 5～7 d 后第二次施药的技术措施效果最优。

水稻主要病害的防治时间节点：稻瘟病防治最佳时期为孕穗期后期；稻曲病最佳时期为剑叶叶枕平。因此，兼顾稻瘟病和稻曲病的防治，应在剑叶叶枕平时选择对稻曲病防效好的杀菌剂，在孕穗后期，选择对稻瘟病防效好的药剂，两次防治不仅能兼顾还能提高两种病害的防治效果。

两季一体平衡用药技术见表3-1。

表 3-1　沿淮稻麦区两季一体化防控（平衡用药）技术方案

作物	防治时间	采取主要措施	针对主要病虫	备注
小麦	播种期	杀菌剂拌种：苯醚甲环唑+咯菌腈等	主要针对纹枯病、地下害虫不考虑	受前茬水稻水层影响，地下害虫、土传根部和茎基腐病轻
	冬前、春季化学除草	麦田化学除草适期有秋苗期和春季返青期两个时期。秋苗期小麦3叶后施药，但若温度过低时（日均气温低于5℃）春季返青期视天气情况再施（或炔草酯、甲基二磺隆等喷施）、甲基二磺隆等喷施		
	拔节期	适度提高防治指标，根据病虫发生情况选择性施药；纹枯病发病率高于30%~40%株100~200头的田块进行施药防治。丙环唑·苯醚甲环唑等对白粉病等叶部病害较好的药剂，蚜虫防治可选择对天敌杀伤作用较小的吡虫啉等新烟碱类杀虫剂	纹枯病及苗期蚜虫经杀菌剂拌种或包衣处理的小麦田，一般发病年份尚未达防治指标拔节期可以不施药	田间纹枯病普遍率或蚜虫发生基数较低的田块，对后期产量几乎没有影响，此次可提高防治指示，减少防治面积，保护天敌
	齐穗-开花期	齐穗-开花初期第一次防治选择含戊唑醇、丙硫菌唑的单剂或复配剂等对白粉、锈病兼治作用好的杀菌剂，足量施药，穗蚜选择对农田生态友好的吡虫啉等新烟碱类杀虫剂；第二次防治选择氟环菌酯、丙硫菌唑等对赤霉素抑制作用强的杀菌剂	第一次针对赤霉病、兼治锈病、白粉病和穗蚜，第二次结合天气情况而定，控制赤霉毒素为主	若开花期遇连阴雨天气应于第一次施药后5d开展第二次防治

（续）

作物	防治时间	采取主要措施	针对主要病虫	备注
水稻	播种期	杀菌剂浸种：嘧菌酯和噻虫嗪等	恶苗病、二化螟	
	分蘖期（7月10日前）	不施药，保护寄生性和捕食性天敌		保护天敌，卵寄生率可提高40%～60%，可持续控害能力明显增强，减少中后期施药次数
	分蘖盛期	提高防治指标至每百丛200头，挑治	稻纵卷叶螟为主	
	孕穗期至破口前	稻叶瘟结合施药防治技术和两正害虫桶混施药技术：剑叶完全展开期以稻曲病、纹枯病为主选用氯虫苯甲酰胺＋噻虫嗪杀虫剂桶混，稻飞虱以纵卷，5～7d后以稻瘟病为主选用丙环唑等	稻曲病、稻瘟病、纵卷叶螟、稻飞虱	

著写人员与单位

陈莉[1]，丁克坚[1]，李桂亭[1]，叶正和[2]，郑兆阳[3]

[1]安徽农业大学；[2]安徽省农业科学院植物保护与农产品质量安全研究所；[3]安徽省植物保护总站

第四章 水稻种肥药无人机全程管理综合技术方案

一、研究内容与总体目标

水稻直播栽培全生产过程中的播种、施追肥及防治病虫害等田间作业，目前播种施肥主要靠地面水稻直播机或人工撒播、植保主要以背负式机动弥雾喷粉机或各类手动背负喷雾机进行化学植保，要长时间负重地面步行作业，劳动强度大、作业效率低。同时，又因各阶段适合作业的时间短、任务重，使得水稻植保作业成为扩大农业经营规模的一个制约因素，迫切要求田间管理作业有更好的新方法。

根据这一任务特点，随着我国植保无人机的高速发展，本研究针对水稻采用新型无人机进行播种、施肥、施药等全程无人机管理的新型作业模式，并结合相关试验研究对播种、施肥、施药无人机的田间作业性能进行大量的试验研究与示范推广，进行了全面系统的综合总结，为我国水稻全程机械化作业种植模式的研究与探索、应用与推广提供新的技术支持。

二、创新点

水稻生产全程采用无人机进行播种、施肥、植保作业，解决水田下地困难的问题，同时不受地块地形的限制，能大大提高作业效率，减少种子、农药和肥料的使用，节能环保；植保无人机喷雾作业，能实现人机分离，确保操作人员的人身安全，应用喷雾量与速度相关的变量施药系统；在飞控系统中加装包含载波相位差分定位功能的定位模块等，提高植保无人机施药雾滴沉积分布效果，减少农药使用量。通过无人机在水稻全程中应用，可大大提高水田机械化程度，降低劳动强度，提高作业效率；以精准播撒、智能调控为核心的智能化技术为手段，减少种子、化肥、农药、水的使用，提高其利用率，并且大大提高了化肥农药的利用率、在减少了化学品的流失与环境的污染的同时，也大大的减少了化学品对劳动者的危害和对环境的污染。

三、技术要点

（一）耕整地处理

上茬作物收割后，进行耕地、耙地并施入基肥，之后灌水、放水等环节，使农田保持湿润状态，为植保无人机播种准备。

（二）无人机播种

无人机水稻种子精量直播技术主要解决人工作业工作量大，地面机械作业受场地限制因素大，无人机水稻直播技术省去了育秧、拔秧、运秧及移栽等多道工序，不仅省工省本、增产增效明显，节省开支，而且能够大幅度减轻劳动作业强度，简单实用。采用无人机直播，省时、省工、省成本、不受地形限制，作业补给容易，精准播撒，效率高，能实现直播作业的智能化自动化，播撒可实现成行，提升作业效率，减少对劳动力的依赖，无人机可以融合大数据技术，可开展农业大数据应用，符合科学发展的方向。

1. 播种前准备

采用无人机播种，在确定播种前，提前 24 h 用清水浸泡水稻种子进行常温催芽。保证种子的发芽情况；催芽过程不宜太长，种子芽长不可超过 2 mm，否则将影响种子流通。催芽后第二天用编织袋运输至田间。

2. 播种量与时间

无人机播种作业中，撒播装置与无人机前进的速度和高度实时调整排种轮的转速，以此调整种子颗粒的公顷撒播量和撒播幅宽，从而控制该航线上的撒播均匀性和幅宽的稳定性。

无人机播种与常规直播或人工播种时间一致，并且根据测试所得水稻播种量为 $450\sim600$ kg/hm²。

3. 播种技术与操作

采用搭载了高精度北斗定位系统的无人机，能准确进行水稻种子飞播作业。使用 6×6 方形栅格，测试无人机播种不同飞行高度条件下水稻种子的分布均匀性。试验设计 3 种不同飞行高度（2.5、2.7 和 3.0 m），飞行速度均为 2.5 m/s。不同飞行状态下水稻种子分布存在明显差异，当飞行速度为 2.5 m/s，飞行高度为 3.0 m 时水稻飞播均匀性最好。

（三）无人机施肥管理

1. 施肥前准备

加料前检查颗粒料情况，如化肥等颗粒需保证其没有受潮，无结块现象，无破损成粉现象。加料前确保颗粒无杂质，检查颗粒有无杂质后才可以添加到飞行器载体。确保过滤掉棍状、片状、块状等杂质以保证出料口通畅、播撒均匀。选用合适的出料口与播撒盘。

2. 撒肥技术与操作

设置飞高1 m，飞速2 m/s；飞高1.5 m，飞速2 m/s；飞高1.5 m，1.3 m/s 3种飞行参数组，并采用6×6方形栅格作为试验过程中固体肥料的接收器具，测试无人机在不同飞行条件下的施肥均匀性。结果如表4-1所示。

表4-1 低空无人机在不同飞行参数条件下的施肥均匀性

飞高（m）	速度（m/s）	纵向分布CV（%）	横向分布CV（%）
1	2	25.48	55.42
1.5	2	55.99	66.12
	1.3	46.01	58.25

分析可知，在水稻拔节期，低空无人机施肥均匀性试验设定处理条件下，当飞行速度为2 m/s、飞行高度为1 m时无人机施肥均匀性最好，横纵向施肥均匀性变异系数均为最低。

（四）无人机施药管理

1. 施药前准备

操作人员通过专业驾驶培训，对农药、农艺有一定了解的成年人；喷药过程中必须穿戴防护服、防护口罩；清洗喷嘴、药箱时要戴胶皮手套，禁止直接接触药液，禁止用嘴吸吹喷嘴；施药过程严禁吸烟、饮水、进食等行为，避免药液进入口鼻、眼睛；连续作业不能超过6 h，施药过程感觉身体不适，立刻停止作业，及时到医务室检查；施药结束或中间休息，一定要用洗手液或肥皂清洗手、脸等部分。

检查机械各部件是否有损坏；查看喷头间安装距离；在喷雾机内加入清水，开动机器运行3 min后，待机器稳定打开施药开关，观察喷雾角，喷雾机在额定工作压力下喷雾时雾滴应连续、均匀，雾形完整；每个喷嘴流量检查，将喷雾机固定压力（小于 0.5 MPa），用一个塑料桶在喷嘴下方盛接 1 min 留下的液体，并用电子秤称量记录，计算喷嘴的平均流量，如果有喷嘴喷出液体流量超出平均值的 10%，必须换喷嘴；检查喷杆喷雾机喷幅。

科学农药配比。根据药箱的容积、每公顷施药量、需要施药面积，计算需要加药量。每药箱加药量（kg 或 L）＝［药箱容量（kg 或 L）］／［喷液量（L/hm²）］× 用药量 －（L/hm²）。配制药液前应准备好两只药桶供配制母液用；配制母液时可先在桶中加入少量水，边搅拌，边加药，切不可一次加药过多，否则不易搅拌均匀；配制乳剂母液也要这样边加药边搅拌；农药包装物一定要回收，切不可随手丢弃；使用射流泵给药箱加药时切记一定要在进水口、出水口有滤网的情况下进行，要先在药箱中加入一半清水，然后加入配制好的母液，再加满清水。

2. 施药技术与操作

植保无人机飞控系统具有载波相位差分定位功能（RTK），可精准控制无人机飞行速度；喷雾系统搭载 6 个 TR80-0067 型圆锥雾液力式喷头，喷杆总长 3.18 m，两侧喷杆上的 3 个喷头间距均为 0.55 m，机身两侧之间的喷头距离为 0.98 m；改进后的喷雾系统搭载 2 个植保无人机用可控雾滴多层离心喷头（图 4-1），间距为 1.9 m。

采取单线阵分布测试方法，通过检测植保无人机喷雾的田间农药雾滴沉积分布情况，判断农药喷施质量。如图 4-2

图 4-1 型多层离心喷头

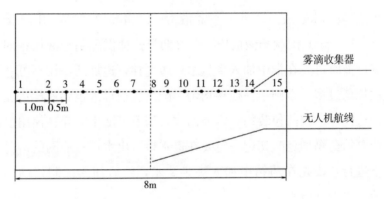

图 4-2 无人机喷雾试验的布样示意图

所示，各雾滴收集器分布在从左至右 8 m 长的直线上，每个雾滴采集器在距地面 1.0 m 高处用 2 个双头夹各布置 1 张水敏纸和 1 张聚乙烯薄膜收集无人机喷雾雾滴，测试雾滴沉积情况。测试时操控手遥控无人机从测试区域外 20 m 处起飞，根据高度标志杆调整飞行高度，加速至预定速度，开启喷洒系统匀速飞行一段距离后从 8 号收集器正上方垂直通过雾滴收集器线阵，保持无人机继续飞行 10 m 后关闭喷洒系统，使其绕过试验装置返回起飞位置。田间测试完成后，将水敏纸和聚乙烯薄膜带回实验室，采用图像分析仪和荧光仪分析。水敏纸测试雾滴大小和覆盖均匀度，聚乙烯薄膜测量雾滴沉积量。

在距雾滴收集器 1.0 m 飞行高度（距地面 2.0 m 飞行高度）、1.0 m/s 和 3.0 m/s 的飞行速度下分别测试植保无人机原液力式喷头和多层离心喷头的喷施质量。无人机总喷雾流量均为 2.0 L/min，液力式喷雾系统工作压力为 0.3 MPa，离心喷头单喷头喷雾流量为 1.0 L/min，工作转速 10 000 r/min。按 ISO24253-1 田间喷雾沉积测试标准的规定，计算单位面积雾滴沉积量。

将雾滴沉积密度达到 15 个/cm² 以上的范围计作有效喷幅，可以得出在不同飞行速度下搭载液力式喷头与可控雾滴多层离心喷头的植保无人机喷雾作业有效喷幅。

2 种喷头沉积密度最大的区域均分布在距原点 1.0 m 的范围内，雾滴密度随着与原点距离的增加而减小。在 1.0 m 飞行高度下，装配液力式喷头无人机的有效喷幅均在 2.5～3.0 m；对于可控雾滴多层离心喷头，虽然随着速度增大，其有效喷幅从 5.0～5.5 m 下降至 4.0～4.5 m，但其有效喷幅仍然显著高于液力式圆锥雾喷头。

多层离心喷头之所以能显著提升植保无人机喷雾作业的有效喷洒幅宽，是因为离心雾化过程中雾滴离开雾化盘时具有一定的初速度，被甩出的雾滴会产生一定的横向位移。

植保无人机低空喷雾试验过程中两种喷头喷雾雾滴沉积量，如表 4-2 分析可知：两种喷头均在飞速为 1 m/s 时平均雾滴沉积量最大；离心喷头的雾滴沉积量均高于普通液力式喷头；多层离心喷头雾化盘上窄下宽、向下开口的设计对雾滴更快向下沉积起到了促进作用。

表 4-2　低空无人机喷雾试验不同喷头的雾滴沉积量

飞行速度（m/s）	雾滴沉积量（μL/cm）	
	液力喷头	离心喷头
1.0	0.197±0.027b	0.305±0.061a
3.0	0.071±0.010b	0.165±0.026a

注：表中数据为平均数±标准误，同一行数字后不同小写字母表示经 Duncan 氏新复极差检验在 $\alpha<0.05$ 水平差异显著。

针对研发的可控雾滴多层离心喷头，并将其安装在无人机平台上，与液力式喷头组成的施药系统进行雾滴沉积性能对比。在 1.0 m 飞行高度、1.0～3.0 m/s 的飞行速度下，可控雾滴多层离心喷头工作参数为 1.0 L/min、10 000 r/min 时，搭载 2 个间距 2.0 m 的可控雾滴多层离心喷头的多旋翼植保无人机有效喷洒幅宽可达 4.0～5.5 m，有效喷幅范围内该喷头喷雾雾滴沉积量可达（0.305 ± 0.061）$\mu L/cm^2$，与相同喷洒参数下液力式喷雾系统雾滴沉积量相比明显增加。雾滴沉积的效果增强，说明研发的离心喷头达到了设计目的，适用于植保无人机田间喷雾作业。

（五）收获与测产

严格按照《全国粮食高产创建测产验收办法》，对水稻无人机全程机械化样板田进行测产验收。每公顷穗数 373.7 万，每穗 120.9 粒，结实率 94.3%，千粒重 22.44 g，理论产量 8 121.6 kg/hm^2。在无人机飞播试验设定处理条件下，无人机播种试验田播种密度大，群体优势明显，能实现稳产目标。

四、生产技术应用与研究的意义

水稻生产过程中传统作业方式生产效率低、劳动强度大、农药化肥使用过量的问题，在项目区采用具有卫星定位系统的无人机进行无人机播种、无人机施肥、无人机施药这一集成人机分离智能化作业技术代替传统的作业生产模式，解决了以往水稻生产过程中作业效率低、劳动强度大、用量大、污染环境、药害与残留等若干问题。无人机播种，省去了育苗移栽环节，省工省时、节种；无人机施肥，高效、没有机械压损，保护农田生态环境；无人机施药，能实现人机分离，保证作业者的人身安全。无人机水稻种肥药全程机械化集成技术对提高水稻产量，改善稻米品质，加快水稻全程农业机械化进程，实现增产增收都有着重要的现实意义，同时也积极为农业农村部关于《到 2020 年化肥使用量零增长行动方案》和《到 2020 年农药使用量零增长行动方案》提供了技术支撑。

五、植保无人机使用注意事项

驾驶农用无人机属于危险作业项目，地面人员遥控操作无人机进行作业时应远离周围人群、高楼、建筑物、高压线、光缆、树木等等，避免遥控不当造成自己与他人财产的损失。禁止在建筑物和高压线密集的地方以及下雨打雷等恶劣条件下操作无人机进行各种作业，以确保人身和机体安全。

飞控操作人员应在远离人群的开阔场地进行飞行作业；不要在超过海拔 2 000 m 以上地区飞行作业；通常，应在≤4 级风以下各种农事飞行，温度低于 5℃以下飞行时请做好电池保温；确保各设备的电量充足；确保各零部件完好；切勿靠近工作转动中的螺旋桨和电机；并务必在视距范围内飞行；低电量警示时请尽快及时返航。

参考文献

程建平，罗锡文，樊启洲，等，2010. 不同种植方式对水稻生育特性和产量的影响. 华中农业大学学报（自然科学版），29（1）：1-5.

程晶，2018. 浅析植保无人机在农业生产中的用途及关键问题探讨. 青海农技推广（2）：40-41.

池忠志，姜心禄，郑家国，2008. 不同种植方式对水稻产量的影响及其经济效益比较. 作物杂志（2）：73-75.

谷耕，1979. 我国农业航空在水稻生产中应用概况. 农业机械（10）：5-7.

何瑞银，罗汉亚，李玉同，等，2008. 水稻不同种植方式的比较试验与评价. 农业工程学报（1）：167-171.

李立权，吴子才，2018. 双季早稻绿色高产高效全程机械化不同施肥方式比较试验总结. 园艺与种苗，38（12）：49-50，68.

吕金庆，孙贺，兑瀚，等，2018. 锥形撒肥圆盘中肥料颗粒运动模型优化与试验. 农业机械学报，49（6）：85-91，111.

秦朝民，刘君辉，2006. 离心式撒肥机撒肥部件研究设计. 农机化研究（10）：100-102.

全国农业机械标准化技术委员会，2014. 植保机械通用试验方法：JB/T 9782—2014. 北京：机械工业出版社.

宋灿灿，周志艳，姜锐，等，2018. 气力式无人机水稻撒播装置的设计与参数优化. 农业工程学报，34（6）：80-88.

王昌陵，宋坚利，何雄奎，等，2017. 植保无人机飞行参数对施药雾滴沉积分布特性的影响. 农业工程学报，33（23）：116.

许剑平，谢宇峰，徐涛，2011. 国内外播种机械的技术现状及发展趋势. 农机化研究，33（2）：234-237.

杨怀君，汤智辉，孟祥金，等，2017. 离心式变量撒肥机的设计与试验. 甘肃农业大学学报，52（1）：144-149.

张金才，2019. 不同种植方式对水稻生长的影响研究. 种子科技，37（1）：132，134.

张稳成，邝健霞，齐龙，等，2013. 不同机械种植方式对肇庆水稻生产经济效益的影响. 中国农学通报，29（17）：161-165.

张小华，顾建强，2019. 三种机械种植方式对水稻产量及效益的影响初报. 南方农业（10）：50-51，58.

中华人民共和国国家质量监督检验检疫总局，2006. 农林拖拉机和机械安全技术要求第6部分：植物保护机械：GB 10395.6—2006. 北京：中国标准出版社.

中华人民共和国国家质量监督检验检疫总局中国国家标准化管理委员会，2008. 农药喷雾机（器）田间操作规程及喷洒质量评定：GB/T 17997—2008. 北京：中国标准出版社.

中华人民共和国农业部，2007. 施肥机械质量评价技术规范：NY/T 1003—2006. 北京：中国农业出版社.

中华人民共和国农业部，2009. 喷杆喷雾机试验方法：GB/T 24677.2—2009. 北京：中国农业出版社.

著写人员与单位

何雄奎

中国农业大学

图书在版编目（CIP）数据

黄淮流域麦-玉、麦-稻绿色增产模式/黄淮流域小麦玉米水稻田间用节水节肥节药综合技术方案项目组著．—北京：中国农业出版社，2020.1
　ISBN 978-7-109-26555-4

　Ⅰ．①黄… Ⅱ．①黄… Ⅲ．①小麦－栽培技术②玉米－栽培技术③水稻－栽培技术　Ⅳ．①S512.1②S513③S511

中国版本图书馆 CIP 数据核字（2020）第 023372 号

中国农业出版社出版
地址：北京市朝阳区麦子店街 18 号楼
邮编：100125
责任编辑：郭银巧
版式设计：王　晨　责任校对：张楚翘
印刷：中农印务有限公司
版次：2020 年 1 月第 1 版
印次：2020 年 1 月北京第 1 次印刷
发行：新华书店北京发行所
开本：880mm×1230mm　1/32
印张：3.5
字数：75 千字
定价：18.00 元
